多源数据量化分析与城市规划辅助决策丛书

城市建成环境
与交通出行需求

王振报　王峰　马利霞　龚鑫　宋佳芮◎著

中国建筑工业出版社

图书在版编目（CIP）数据

城市建成环境与交通出行需求 / 王振报等著. — 北京：
中国建筑工业出版社，2023.10
（多源数据量化分析与城市规划辅助决策丛书）
ISBN 978-7-112-29140-3

Ⅰ.①城… Ⅱ.①王… Ⅲ.①城市环境—关系—城市
交通运输—交通运输管理—研究—中国 Ⅳ.①X21
②F572

中国国家版本馆CIP数据核字（2023）第175774号

责任编辑：唐旭
文字编辑：孙硕
书籍设计：锋尚设计
责任校对：姜小莲
校对整理：李辰馨

多源数据量化分析与城市规划辅助决策丛书
城市建成环境与交通出行需求
王振报　王峰　马利霞　龚鑫　宋佳芮　著
*
中国建筑工业出版社出版、发行（北京海淀三里河路9号）
各地新华书店、建筑书店经销
北京锋尚制版有限公司制版
天津图文方嘉印刷有限公司印刷
*
开本：787毫米×1092毫米　1/16　印张：15　字数：284千字
2023年11月第一版　　2023年11月第一次印刷
定价：**139.00**元
ISBN 978-7-112-29140-3
　（41864）

总　序

本研究借助大数据分析手段，获取全样本、全时段、全空间的多源数据，大幅度提升从多维角度分析城市问题的能力，并提高结果和结论的可靠性，为城市相关行业科学决策提供强大的支撑。高等学校城乡规划学科专业指导委员会提出：城乡规划专业的培养计划需要增设定量城市研究内容，包括纳入数据统计分析、城市发展模型、地理信息系统、城市规划公众参与等诸多课程或知识点。该丛书关注多源数据量化分析、运用地理信息系统GIS技术进行实践分析，对于城乡规划专业的教学和研究工作将起到积极的推动作用。

近几年兴趣点POI数据、GIS路网数据、停车收费数据、免费开放的人口密度数据、遥感影像数据以及街景照片等多源数据的可用性为大规模评测建成环境提供了很好的数据支撑条件。一些政府机构也在推动大数据平台的建设和开放获取，例如深圳市政府数据开放平台提供了API接口可以下载深圳地铁客流数据和共享单车出行数据。同时，出行服务运营企业举办各类交通出行大数据竞赛，来深入挖掘数据的应用潜力，例如滴滴盖亚数据开放计划提供的网约车数据。这些数据的开放获取为城市多角度多维度的量化分析提供了可能性，研究成果对于提出具有针对性的城市规划策略具有重要的参考价值。

该套丛书综合运用城市规划、交通规划、统计学、计量经济学、地理信息系统技术等多学科理论方法，借助对多源数据探讨多维度量化城市建成环境的科学方法，并深入挖掘城市建成环境与交通出行、环境污染之间的内在联系和影响机制。内容涉及"城市建成环境与交通出行需求""多源数据驱动下的公共服务设施可达性分析""城市建成环境与PM2.5空气质量""基于遥感影像分类的城市蓝绿空间质量评价"等。研究结果可以为城市相关行业的公共政策制定提供有力支持，推动全社会共同创造美好、健康的人居环境。

本系列丛书可以让更多研究者和规划师了解跨专业的理论及技术方法，了解如何进行城市建成环境的量化分析，同时城市建成环境对交通出行及空气质量的影响机制结果可用于城市规划相关政策与方案的辅助决策，从而有利于人居环境质量的提升。

王振报

2023年6月

前　言

　　随着信息通信技术的快速发展，大数据分析在多个行业和领域成为研究的热点方向，并发挥出越来越多的重要作用。近年来，定量研究在城乡规划领域取得了巨大的进展，分析结果对于城乡规划相关决策提供了重要的科学依据。建成环境是指与人类生产、生活密切相关的物质空间要素，涉及城市规划、土地利用、交通组织及环境保护等多个领域。公共交通以及网约车等共享出行方式作为集约、绿色、可持续的交通发展方式，是缓解城市交通拥堵、落实我国"2030年碳达峰、2060年碳中和"目标的有效途径之一。本书综合运用城市规划、交通规划、统计学、计量经济学、地理信息系统技术等多学科理论方法，进行交叉学科研究，探究城市建成环境因素与交通出行需求之间内在的影响机制，研究结果有利于有的放矢地提出建成环境更新优化方案、改善交通系统供需平衡。全书共分为三个部分：

　　第一部分为基础理论，对建成环境、多元线性回归、地理加权回归、多尺度地理加权回归、对数线性模型等基础理论和方法进行了介绍。包括建成环境、多元线性回归与空间计量模型两个章节。

　　第二部分为建成环境与轨道客流需求，以北京市轨道交通通勤客流作为研究对象，获取城市建成环境多源数据，基于多元回归与空间计量模型构建建成环境影响因素指标体系，从密度、多样性、设计、目的地可达性、交通距离、需求管理和人口统计等7个维度，系统分析建成环境与轨道交通通勤客流之间的关系。比较了11种轨道站周边建成环境分析范围下的回归模型拟合优度，探讨最优建成环境分析范围下建成环境因子的空间异质性和空间尺度。通过现状分析寻找问题站点并提出更新策略，旨在提高模型精度，优化建成环境体系，为公共交通导向城市规划、站城一体化发展和精细化城市管理提供一定的理论依据。包括轨道客流需求研究背景与意义、建成环境与轨道客流相关研究、轨道客流与建成环境相关数据处理、回归模型构建与结果分析、轨道站点建成环境问题总结及更新策略五个章节。

　　第三部分为建成环境与网约车出行需求，以成都市网约车出行需求作为研究对象，将弹性分析与空间计量经济模型相结合，构建建成环境数据集，共包含密度、多样性、设计、目的地可达性和交通距离等五个维度。通过对比不同空间单元模型回归结果，确定拟合效果最优的空间单元，并分析各建成环境因素的弹性影响程度及其空间异质性。基于建成环境弹性影响结果，从城市建成环境、网约车运营管理及相关政策措施三个方面，梳理网约车出行现状问题及主要原因，提出网约车出行需求优化策略。在降低网约车出行需求的同时，倡导绿色出行，以缓解城市交通拥堵，提高网约车出行效率。包括网约车出行需求研究背景与意义、建成环境与网约车出行需求相关研究、网约车出行与建成环境相关数据处理、最佳空间单元的确定与建成环境空间尺度分析、建成环境对网约车出行需求的弹性影响程度分析、建成环境弹性影响的空间异质性研究、网约车出行需求优化策略七个章节。

本书主要适用于城市规划、交通工程、地理信息系统、大数据、公共政策及相关领域的本科生、研究生和研究人员阅读。对于城市规划专业相关人员在研究精细化城市设计或者片区城市更新相关的问题时，可借鉴本书中轨道站点周围、网约车热点区域建成环境更新策略的相关内容；从事交通工程专业相关的人员在分析交通出行客流特征时，可参考本书中轨道站点和网约车客流集计分析、交通相关建成环境指标评价方法的相关内容；从事地理信息系统专业相关的人员可以了解到城市规划领域如何应用GIS分析技术进行交通大数据分析和建成环境指标统计分析；从事大数据专业相关的人员可以了解到城市规划专业领域大数据的获取方式以及分析内容等；从事公共政策专业相关的人员可以初步了解到大数据分析如何辅助城市建成环境更新决策和交通政策的制定。

本书的研究、出版得到2023年度河北省社会科学发展研究课题（20230203044）、首批邯郸市青年拔尖人才项目资助。特别感谢参与本书编写的研究生们，这本书能够顺利出版离不开大家的共同努力。由于作者水平有限，难免存在一些错误和疏漏之处，敬请读者批评指正。

目 录

第三部分

建成环境与网约车出行需求

第一部分

基础理论

第 1 章
建成环境

1.1　建成环境基本概念

建成环境是指与人类生产、生活密切相关的物质空间要素，涵盖城市规划、土地利用、交通组织及环境保护等多个领域[1]，并随城市化进程的推进而不断发展。Cervero 和 Kockelman[2] 最早将建成环境总结为"3D"维度，即密度（Density）、多样性（Diversity）和设计（Design）。此后 Ewing 等人[3,4] 将目的地可达性（Destination accessibility）和交通距离（Distance to transit）纳入其中，拓展为"5D"维度。随着建成环境"5D"维度的发展，Ewing 和 Cervero[5] 又加入了需求管理（Demand management）和人口统计（Demographics），最终形成建成环境"7D"维度。

1.2　建成环境数据获取

近年来，随着大数据技术及国内地图平台的发展，以移动轨迹、兴趣点 POI 数据等为代表的空间大数据为空间研究提供了大量的样本数据。POI 数据是指以经纬度坐标来表达生活中的地理实体，它能够切实反映社会生活中的经济活动，可以满足城市空间规划精细化的需求[6,7]。与传统通过人力获取的调查数据相比，POI 数据具有易获取、更新快等特点，并兼具较高的定位精度和较全面的属性信息，有效节约研究过程中的人工、时间成本，所得到的结果也更为科学、准确。目前，POI 数据分析技术已广泛应用于城市核心区、城市边缘区、城市功能区的识别[8-11]，城市生活圈与周边基础设施空间分布研究[12-15]，以及设施、房价空间分异影响因素研究[16-19] 等领域。本研究用于建成环境分析的数据主要包括点、线、面三种矢量数据，栅格数据以及其他数据（表 1-1）。

点数据包括各类设施 POI 数据、轨道交通站点数据、公交站点数据以及停车场数据。利用 Python 工具，从高德地图开放平台爬取各类设施 POI 点数据并进行清洗

数据类型与来源 表1-1

数据名称	数据类型	数据来源
各类设施POI数据	点数据	来自高德地图开放平台（https://lbs.amap.com）
轨道交通站点数据		
公交站点数据		
停车场数据		
城市路网数据	线数据	来自Open Street Map开源地图（https://www.openstreetmap.org/）
公交线路数据		
轨道线路数据		
建筑轮廓数据	面数据	来自百度地图开放平台（https://lbsyun.baidu.com/）
人口数据	栅格数据	来自WorldPop（https://www.worldpop.org），数据精度为100m
网约车出行数据	其他数据	来自滴滴盖亚数据开放计划（https://gaia.didichuxing.com）
公共停车场费用数据		来自高德地图开放平台（https://lbs.amap.com）
城市房价数据		来自链家网（https://cd.lianjia.com/xiaoqu/）
轨道站点出入口数据		来自北京地铁官方网站数据资料(www.bjsubway.com)
是否为换乘站数据		

与整理，筛选出本研究所需的设施 POI 数据，并将研究范围以外的设施点剔除。

线数据包括城市路网数据、公交线路数据和轨道线路数据，通过 OSM 开源地图进行获取。其中，城市路网数据包括道路分级、道路名称、道路长度等字段，利用 ArcGIS 对道路网进行处理和拓扑验证，构建交通网络模型；公交线路数据包括公交线路名称字段；轨道线路数据包括线路名称、线路长度等字段。

面数据包括建筑轮廓数据，利用 Python 工具，从百度地图开放平台爬取，数据涵盖建筑基底面积、建筑性质及建筑层高等属性。

栅格数据主要为人口数据，通过 WorldPop 获取得到，精度为 100m，每个栅格单元内均包含该单元的总人口数。

其他数据包括网约车出行数据、公共停车场费用数据、城市房价数据、轨道站点出入口数据以及是否为换乘站数据。其中，网约车出行数据来自滴滴盖亚数据开放计划，每条数据包括订单 ID、开始计费时间、结束计费时间、上车位置经度、上车位置纬度、下车位置经度、下车位置纬度等信息；公共停车场费用数据通过高德地图开放平台获取位置信息，并通过查阅资料和实地调研，补全各停车场首小时停车收费标准；城市房价数据来自链家网，主要包括小区名称、小区位置、房屋价格等信息；轨道站点出入口及是否为换乘站数据，来自北京地铁官方网站，通过查阅资料和实地调研，补充站点出入口数量及是否为换乘站等属性字段。

1.3   建成环境数据集构建

已有研究表明，建成环境对交通出行需求具有显著影响且影响程度较为复杂[20-22]。根据建成环境"7D"维度，结合相关文献研究成果将社会经济属性加入其中，从密度、多样性、设计、目的地可达性、交通距离、需求管理、人口统计和社会经济属性8个方面构建建成环境数据集，共包含16个变量（表1-2）。

建成环境数据集		表1-2
维度	变量名称	单位
密度	各类设施POI密度	个/km²
	建筑密度	—
多样性	土地利用混合熵	—
设计	容积率	—
	道路密度	km/km²
目的地可达性	至CBD距离	km
	轨道站点出入口数量	个
	停车场密度	个/km²
交通距离	至最近地铁站距离	km
	轨道线路密度	km/km²
	公交线路密度	km/km²
	公交站点密度	个/km²
需求管理	停车场平均收费	元/小时
	轨道站点是否为换乘站	—
人口统计	人口密度	人/km²
社会经济属性	平均房价	元/m²

1.3.1 密度

1. 各类设施 POI 密度

各类设施 POI 密度是指空间单元内每种类型的设施 POI 总数与该空间单元面积之比，表示每种设施 POI 的密集程度，计算公式如下：

$$POI\ density = N_{k,i} / S_i \tag{1-1}$$

式中，$N_{k,i}$ 为空间单元 i 中第 k 种设施 POI 总数（个）；S_i 为空间单元 i 的面积（km^2）。

通过相交、汇总统计、计算字段等工具，计算空间单元内的各类设施 POI 密度，计算流程如图 1-1 所示。

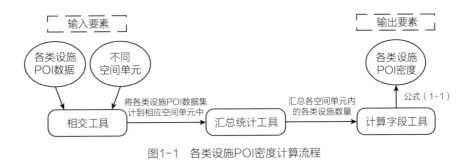

图1-1 各类设施POI密度计算流程

2. 建筑密度

建筑密度是指在一定土地面积内所建造的建筑物体积的总和，通常表示一定区域内建筑物的紧凑程度，计算公式如下：

$$building\ density = A_i / S_i \tag{1-2}$$

式中，A_i 为空间单元 i 中建筑基底面积总和（km^2）；S_i 为空间单元 i 的面积（km^2）。

通过相交、汇总统计、计算字段等工具，计算各空间单元内的建筑密度，计算流程如图 1-2 所示。

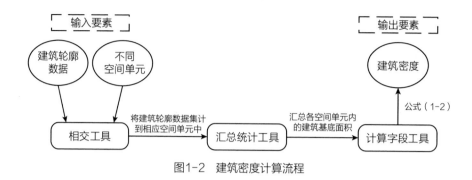

图1-2   建筑密度计算流程

1.3.2   多样性

土地利用混合熵作为衡量建成环境多样性的重要指标，表示空间单元内各类设施的丰富程度[23]，计算公式如下：

$$LUM = \frac{-\sum_{i=1}^{K} P_i \ln(P_i)}{\ln(K)} \qquad (1-3)$$

式中，K 为空间单元的设施总类别数；P_i 为空间单元中第 i 类设施的数量占所有设施总数的比例。LUM 取值区间在 0～1 之间，取值越大表明该区域内的土地混合程度越高、设施越多样，取值越小表明该区域内的土地混合程度越低、设施越单一。

通过相交、汇总统计、合并、计算字段等工具，计算各空间单元内的土地利用混合熵，计算流程如图1-3 所示。

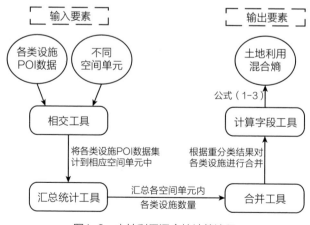

图1-3   土地利用混合熵计算流程

1.3.3 设计

1. 容积率

容积率是指空间单元内的建筑物的总建筑面积与该空间单元占地面积之比，表示土地利用的开发强度，计算公式如下：

$$FAR = J_i / S_i \qquad (1-4)$$

式中，J_i 为空间单元 i 内的总建筑面积（km^2）；S_i 为空间单元 i 的面积（km^2）。

通过相交、汇总统计、合并、计算字段等工具，计算各空间单元内的容积率，计算流程如图1-4所示。

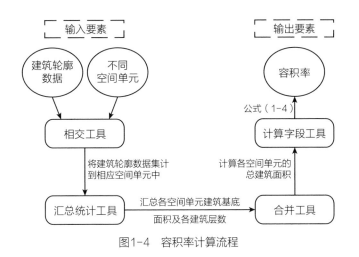

图1-4 容积率计算流程

2. 道路密度

道路密度是指空间单元内的所有道路总长度与该空间单元面积之比，表示城市路网的通达程度，计算公式如下：

$$road\ density = L_i / S_i \qquad (1-5)$$

式中，L_i 为空间单元 i 内的城市道路总长度（km）；S_i 为空间单元 i 的面积（km^2）。

通过相交、汇总统计、计算字段等工具，计算各空间单元内的道路密度，计算流程如图1-5所示。

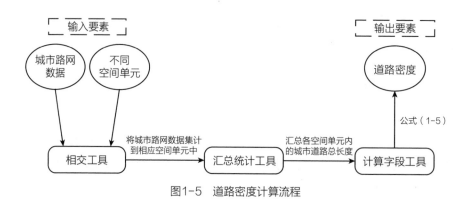

图1-5   道路密度计算流程

1.3.4   目的地可达性

1. 至CBD距离

至CBD距离是指空间单元质心点到中央商务区的距离，表示该区域交通区位的便利程度。与以往论文中所使用的欧几里得距离不同，本研究利用GIS软件中的网络分析工具，基于实际交通路网计算质心点到中央商务区的最短距离，能够更加精准和真实地反映实际出行情况。

通过网络分析工具，计算各空间单元至CBD的实际最短距离，计算流程如图1-6所示。

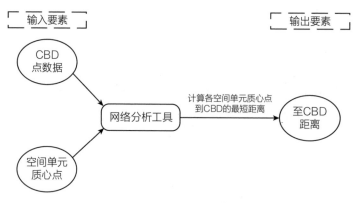

图1-6   至CBD距离计算流程

2. 轨道站点出入口数量

轨道站点的出入口越多，附近居民到达站点就越便利，而对于较远距离的居民，公共停车场为汽车接驳提供了便利条件。轨道站点出入口数量通过查阅北京地铁官方网站获取。

3. 停车场密度

停车场密度是指空间单元内的停车场数量与该空间单元面积之比，表示该区域的停车便利程度，计算公式如下：

$$parking\ density = C_i / S_i \qquad （1-6）$$

式中，C_i 为空间单元 i 内的停车场数量（个）；S_i 为空间单元 i 的面积（km²）。

通过相交、汇总统计、计算字段等工具，计算各空间单元的停车场密度，计算流程如图 1-7 所示。

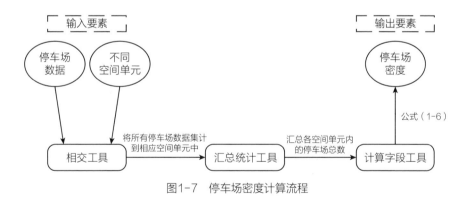

图1-7 停车场密度计算流程

1.3.5 交通距离

1. 至最近地铁站距离

至最近地铁站距离是指在实际交通路网下空间单元质心点到周边地铁站的最短距离，能够反映该区域的公共交通便利程度。距离地铁站越近，表明该区域的交通出行更加便捷。

通过网络分析工具，计算各空间单元至最近地铁站的实际最短距离，计算流程如图 1-8 所示。

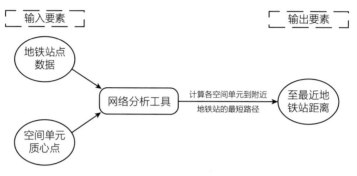

图1-8 至最近地铁站距离计算流程

2. 轨道线路密度

轨道线路密度是指轨道站点周边单位面积分析范围内拥有的轨道线路总长度，表示区域公共交通的便利程度，计算公式如下：

$$transit\ density = D_i / S_i \qquad (1-7)$$

式中，D_i 为空间单元 i 内的轨道线路总长度（km）；S_i 为空间单元 i 的面积（km^2）。

利用相交、汇总统计、计算字段等工具，计算各空间单元内的轨道线路密度，计算流程如图 1-9 所示。

图1-9 轨道线路密度计算流程

3. 公交线路密度

公交线路密度是指轨道站点周边单位面积分析范围内拥有的公交线路数量，反映区域公共交通的便利程度，计算公式如下：

$$bus\ route\ density = E_i / S_i \tag{1-8}$$

式中，E_i 为空间单元 i 内的公交线路总长度（km）；S_i 为空间单元 i 的面积（km^2）。

利用相交、汇总统计、计算字段等工具，计算各空间单元内的公交线路密度，计算流程如图 1-10 所示。

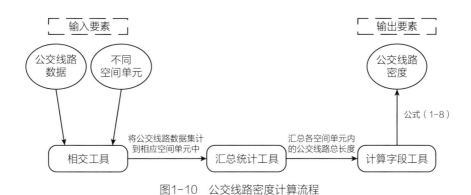

图1-10 公交线路密度计算流程

4. 公交站点密度

公交站点密度是指空间单元内的公交站点数量与该空间单元面积之比，利用公交站点密度，同样能够反映区域公共交通的便利程度，周边公交站点越密集，表明该区域的公交覆盖率更高，交通出行更加方便，计算公式如下：

$$bus\ stop\ density = B_i / S_i \tag{1-9}$$

式中，B_i 为空间单元 i 中公交站点数量（个）；S_i 为空间单元 i 的面积（km^2）。

通过相交、汇总统计、计算字段等工具，计算各空间单元的公交站点密度，计算流程如图 1-11 所示。

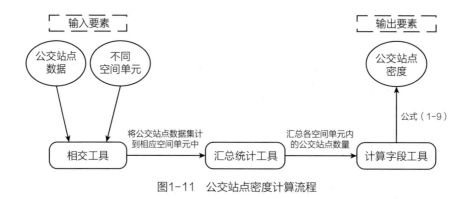

图1-11　公交站点密度计算流程

1.3.6　需求管理

1. 停车场平均收费

将轨道站点周边的停车需求作为首要考虑因素，若轨道站点周边停车场停车费用较高，可能会增加居民选择公共交通出行的可能性，若轨道站点周边停车场收费较少，居民可能选择自驾出行。因此，停车场平均收费可能会影响轨道交通的客流。为更加方便对各站点进行比较，采用网络爬取数据结合查阅资料和实地调研的方法，获取轨道站点周边停车场首小时收费标准，并计算其平均收费，作为轨道站点所在研究范围的停车收费标准。

2. 轨道站点是否为换乘站

轨道站点是否为换乘车站通过查阅北京地铁官方网站获取，是换乘站赋值为 1，不是换乘站赋值为 0。

1.3.7　人口统计

人口密度是指空间单元内的人口数量与该空间单元面积之比，用来表示人口的聚集程度，计算公式如下：

$$pop\ density = R_i / S_i \tag{1-10}$$

式中，R_i 为空间单元 i 内的人口总数（人）；S_i 为空间单元 i 的面积（km^2）。

WorldPop 为本研究提供了 100m 精度的城市人口栅格数据，通过栅格转点、相交、汇总统计、计算字段等工具，计算各空间单元的人口密度，计算流程如图 1-12 所示。

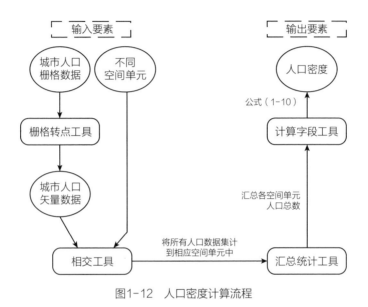

图1-12　人口密度计算流程

1.3.8　社会经济属性

平均房价是指空间单元覆盖范围内所有小区在购房网站上的平均标价，一定程度上反映不同区域的人口收入水平。通过相交、汇总统计、计算字段等工具，计算各空间单元的平均房价，计算流程如图 1-13 所示。

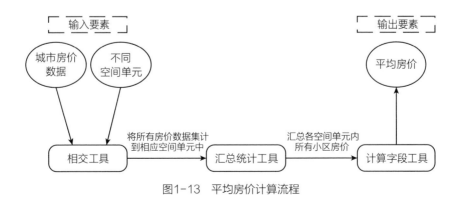

图1-13　平均房价计算流程

—— 第2章 ——

多元线性回归与空间计量模型

多元线性回归与空间计量模型都是常见的统计分析方法，主要用于解决自变量和因变量之间的因果关系与空间相关性问题，并通过这种关系进行结果解释、数据预测或者政策评估。

2.1   普通线性回归模型

普通线性回归模型是多元回归分析中最常见的模型之一，其基本思想是基于普通最小二乘法（Ordinary Least Square，OLS）进行全局参数估计，以实现模型估计值与实际值之差的平方和最小。普通线性回归模型的关系表达式为：

$$y_i = \beta_0 + \sum_{k=1}^{n} \beta_k x_{ik} + \varepsilon_i \qquad (i = 1, 2, ..., n) \qquad (2-1)$$

式中，y_i 为空间单元 i 的因变量；β_0 为截距项；n 为空间单元总数；β_k 为第 k 个自变量的回归系数；x_{ik} 为空间单元 i 的第 k 个自变量；ε_i 为空间单元 i 的误差项，服从数学期望为 0，方差为 σ^2 的正态分布，即：

$$\varepsilon_i \sim N(0, \sigma^2) \qquad (2-2)$$

作为全局回归方法，普通线性回归主要对非空间参数进行估计，用于研究自变量与因变量之间的线性关系，即同一影响因素对不同地理位置研究对象的影响系数均相同。

2.2　地理加权回归模型

由于空间异质性普遍存在，即不同空间位置上自变量与因变量之间的关系有所差异，OLS 全局回归模型仅对所有自变量回归系数的均值进行估计，其估计结果为全局参数，无法反映自变量在不同区域影响因变量的差异性。地理加权回归（Geographically Weighted Regression，GWR）模型作为空间局部回归方法，有效弥补了普通线性回归等全局回归模型中的不足，能够将数据的空间地理位置嵌入到线性模型中，并采用局部加权最小二乘法进行逐点估计，以体现数据的空间异质性，地理加权回归模型的关系表达式为：

$$y_i = \beta_0(u_i, v_i) + \sum_{k=1}^{n} \beta_{bwk}(u_i, v_i)x_{ik} + \varepsilon_i \qquad (i = 1, 2, ..., n) \qquad （2\text{--}3）$$

式中，y_i 为空间单元 i 的因变量；(u_i, v_i) 为空间单元 i 的质心点经纬度坐标；$\beta_0(u_i, v_i)$ 为空间单元 i 的截距项；n 为空间单元总数；$\beta_{bwk}(u_i, v_i)$ 为空间单元 i 第 k 个自变量的局部回归系数；x_{ik} 为空间单元 i 的第 k 个自变量；ε_i 为空间单元 i 的误差项，满足 $\varepsilon_i \sim N(0, \sigma^2)$ 假定。

作为局部空间回归模型，GWR 模型的拟合结果还受到带宽的影响。带宽是衡量因变量 y 与每个自变量 x 之间空间尺度变化的指标，反映每个回归分析点需要周围多少个样本点进行回归。较小的带宽会使空间权重随距离的增加迅速衰减，使参数估计的标准差升高；较大的带宽则会减缓空间权重的衰减速度，导致模型拟合过于平滑，使局部系数估计结果产生较大偏差。GWR 模型常用的带宽有固定带宽和自适应带宽两种类型：固定带宽以固定距离进行样本选择，适用于样本点分布均匀的情况；自适应带宽依据回归点周围样本点的分布情况，自动调节带宽大小，附近样本点较少时取较大带宽，附近样本点较多时取较小带宽。但不论选择哪种类型的带宽进行参数拟合，GWR 模型都会以所有参数估计的平均带宽来反映变量间的空间变化，导致模型结果具有一定的偏误。

2.3　多尺度地理加权回归模型

相比具有单一尺度的 GWR 模型，多尺度地理加权回归（Multi–scale Geographically Weighted Regression，MGWR）模型不仅能够反映各变量的空间异质性，还允许所有变量具有各自不同的最优带宽，更加准确地测度不同变量间的空间尺度差异[24]。多尺度地理加权回归模型的关系表达式为：

$$y_i = \beta_0(u_i, v_i) + \sum_{k=1}^{n} \beta_{bwk}(u_i, v_i) x_{ik} + \varepsilon_i \qquad (i = 1, 2, ..., n) \qquad （2-4）$$

式中，y_i 为空间单元 i 的因变量；（u_i, v_i）为空间单元 i 的质心点经纬度坐标；$\beta_0(u_i, v_i)$ 为空间单元 i 的截距项；n 为空间单元总数；$\beta_{bwk}(u_i, v_i)$ 为空间单元 i 第 k 个自变量的局部回归系数；bwk 为第 k 个自变量的最优带宽；x_{ik} 为空间单元 i 的第 k 个自变量；ε_i 为空间单元 i 的误差项，同样满足 $\varepsilon_i \sim N(0, \sigma^2)$ 假定。

图 2–1 为 GWR 与 MGWR 模型原理示意图，其中 GWR 以固定带宽为例，对于不同回归分析点，GWR 模型的带宽范围始终相同，而 MGWR 模型的带宽范围会随

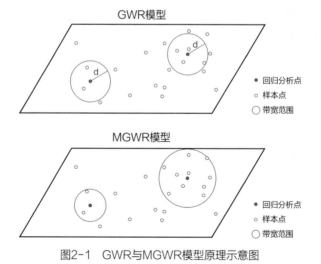

图2-1　GWR与MGWR模型原理示意图

着不同变量发生改变。对于 MGWR 模型，带宽的确定首先通过后退拟合算法对模型进行校准，再经过多次迭代直至满足收敛准则为止。其中各变量带宽能够相对准确地反映影响因素的空间作用尺度及空间变化关系，这种考虑各自不同带宽的空间回归模型，有效提高了模型精度，使模型分析结果更加科学且更符合城市交通的实际出行需求。

2.4 对数线性模型

对数线性模型是一种用来描述变量之间弹性关系的数学模型，通过将变量对数化处理，以百分比的形式衡量自变量对因变量的相对影响程度，避免变量间不同量纲及模型异方差对回归结果的影响[25]。以普通线性回归为例，分别对因变量 y 和自变量 x 取自然对数，以转换后的变量估计回归模型，其公式如下：

$$\ln y = \alpha + \beta \ln x + \varepsilon_i \tag{2-5}$$

式中，ln 为自然对数（即以 e 为底的对数，e=2.718），该模型相当于是系数 α 和 β 的线性函数，同时也是 y 和 x 的对数线性函数。对自变量和因变量分别取自然对数，表示 x 每变动 1%，y 变动 β%，此时斜率系数 β 测度了因变量对自变量的弹性[26]。

在 MGWR 模型的基础上，对自变量与因变量分别取自然对数，将改进后的 MGWR 模型称之为多尺度地理加权弹性回归模型（Multi-scale Geographically Weighted Elasticity Regression，MGWER），见式如下：

$$\ln y_i = \beta_0(u_i, v_i) + \sum_{k=1}^{n} \beta_{bwk}(u_i, v_i) \ln x_{ik} + \varepsilon_i \tag{2-6}$$

式中，ln 为自然对数（即以 e 为底的对数，e=2.718）；y_i 为空间单元 i 的因变量；(u_i, v_i) 为空间单元 i 的质心点经纬度坐标；$\beta_0(u_i, v_i)$ 为空间单元 i 的截距项；n 为空间单元总数；$\beta_{bwk}(u_i, v_i)$ 为空间单元 i 第 k 个自变量的回归系数；bwk 为第 k 个自变量的带宽；x_{ik} 为空间单元 i 的第 k 个自变量；ε_i 为空间单元 i 的误差项。对自变量和因变量分别取自然对数，表示 x_{ik} 每变动 1%，y_i 变动 β_{bwk}%，此时斜率系数 β_{bwk} 测度了因变量对自变量的弹性。

第二部分
建成环境与轨道客流需求

—— 第 **3** 章 ——

轨道客流需求研究背景与意义

3.1　研究背景

3.1.1　政策引导

在城市客运交通系统中，公共交通运输起着最重要的作用。轨道交通拥有运量大、速度快、运费低和节能环保等特点，在城市公共交通体系中具有重要地位。从1863年位于伦敦的第一条地铁开通运营，截至2020年，全世界已有208个城市建造了地铁。2016年最新版《北京城市总体规划（2016年—2035年）》（后称《报告》）中提出北京建设国际一流的和谐宜居之都的发展目标，要求"深入实施公共交通优先发展战略和绿色交通发展战略，加快形成安全、便捷、高效、绿色、经济的现代化综合交通体系"。《报告》指出贯彻落实新时期中央对北京的要求，有序推进非首都功能疏解，优化调整北京城市空间结构，以轨道交通为主的公共交通系统规划建设是重要工作之一。2020年，《城市轨道TOD综合开发项目通用技术规范》和《城市轨道TOD综合开发项目评价标准》开始实施，为进一步提升以轨道交通为核心的城市集聚效应，促进站城一体化发展。建成环境是影响轨道交通客流的重要因素[22]，研究轨道站点客流与建成环境的关系及影响尺度，有利于提高城市轨道站点周边精细化管理，从建成环境方面提出针对性更强的策略和措施，也可以根据建成环境更加准确地预测轨道站点客流需求。

3.1.2　现状问题

轨道站点周边的区域，是站点的步行可达区域，是产生站点客流的区域，也是能由站点带动发展的区域。长期以来，先有城后有轨道交通的"植入式"建设模式，导致轨道站点与周边区域之间协同度低，存在诸多矛盾。

①超负荷站点造成拥堵。例如周边用地性质较为单一的站点，往往在高峰时段客

流集中，轨道站点无法承载，出现客流超负荷情况。为达到限流目的，天通苑站、沙河站、草房站开通了线上预约试点，但预约困难，仍存在现场排队的现象，车站选用关闭站点、安装限流门等方式，虽然达到短时限流的目的，但降低了轨道交通运营效率，影响乘客体验。②站点客流不足。站点周边建成环境开发滞后于轨道建设，导致站点客流产生或吸引力不足。轨道线路及站点应与建成环境统一规划，站点周边开发也可稍滞后于轨道站点建设，但北京部分站点长时间开发滞后，导致客流过低，后续站点与周边建筑物的连接性也较差，有待进一步整合轨道站点出入口与周围建筑的联系，比如次渠南、巩华城等站。③站点接驳体系不完善。北京大部分站点为独立式出入口，与周边建筑联系较差，公交站点与轨道站点距离较远，指示路牌较少，大多数站点周边并未设置机动车接驳泊车位。

　　轨道站点与站点周边建成环境、其他交通体系之间体现出联系不强、换乘效率不高等问题。产生这些问题的原因，既有线网层面，也有站域层面，比如造成轨道站点内客流拥堵的原因有线网布局较差、线路容量不足、站点容量不足等，也有站点周边建成环境的问题，而本书更关注于站点周边一定区域内的建成环境对轨道交通客流的影响，希望通过研究建成环境与客流的关系找到解决上述问题的切入点。

3.1.3　未来需求

　　中国在城镇化和机动化的大背景下，以轨道交通为骨干的城市公共交通系统无疑成为诸多一线城市的发展目标。截至 2021 年，全国共 40 个城市开通了轨道交通。其中，北京市轨道交通线网里程达到了 727km，居全国第二位。北京作为典型的亚洲高密度城市，将城市轨道交通作为了公共交通核心支撑体系。至 2022 年底，北京建成地铁线路 22 条、共 370 座站点。2022 年《北京市轨道交通第三期建设规划（2022—2027 年）》进行公示，共包含 10 个建设项目。城市轨道交通的迅速发展，给城市用地结构的调整、城市建成环境的改善、社会经济的繁荣都带来了新的发展契机。同时，轨道交通站点的植入也带来了新的挑战，如轨道交通与建成环境的协同度较低、轨道交通外部收益较小等，现在正是探究建成环境与城市轨道交通站点建设关系的重要时期。

3.2　研究目的与意义

3.2.1　研究目的

1.确定轨道站点建成环境研究范围

轨道站点的站域研究范围一直都是研究学者探讨的话题，以公共交通为导向的（Transit-oriented Development，TOD）发展模式将公共交通站点的影响发展范围定为以站点为中心，400～800m 为半径，但随着城市规模扩大，接驳方式的多元化，尤其对于超级大城市，轨道站点的实际影响范围可能已经超过了该范围。现有对于轨道站域的影响范围划定的研究不足，较少有采用量化研究方法寻找特定城市的适用范围。本书通过构建以工作日早晚高峰的进出站客流为因变量、以轨道站点周围不同半径下的建成环境影响因素指标为自变量的多个回归模型，通过回归模型结果对比寻求适用于北京轨道交通站点周边建成环境的分析范围，有利于为后续北京或其他城市的轨道站相关研究提供理论和方法基础，为轨道站域规划更新、公共交通为导向的城市建设提供研究范围依据。

2.整合城市建成环境指标体系

轨道站点周边建成环境因素的选取始终未有特定的体系，现有研究中学者多从土地利用、社会经济、可达性、站点设计等的角度考虑对轨道站点客流的影响因素，但多偏向选取其中某个单一角度，本书结合已有的 TOD 建成环境"7D"维度，整合土地利用、设计、社会经济等因素，构建轨道站点周边建成环境影响因素指标体系。

3.探究站点周边环境对通勤客流的影响关系

轨道站点周围环境复杂、种类多样，需要了解不同类型建成环境对于客流的影响大小、影响程度和空间变化情况，本书运用多尺度地理加权回归模型，从站点角度探究轨道站周边建成环境对客流影响程度的大小以及空间异质性的变化趋势，为疏解城市功能、提升区域吸引力与活力、推进城市精细化管理和 TOD 发展提供参考。

4.寻找问题站点并提出相应更新策略

现有轨道站点与建成环境规划建设同步性较差，因此产生许多问题站点，包括客流拥挤、客流不足、潮汐客流等问题，因此，本书通过客流时间、空间分布特征寻找客流问题集中站点，并提出建成环境对客流解释力模型，以筛选建成环境对客流解释力较差站点，根据这些问题站点的建成环境影响因素特征提出相应更新改造建议。

3.2.2　研究意义

轨道站点既是城市轨道交通的枢纽，又是带动周边地区发展的"活力引擎"。准确划定轨道站点的吸引范围，分析影响轨道站点客流的显著因素，对轨道站点设施规划以及站点周边建成环境的规划管理有重要意义。

1．为建成环境和交通协同规划的 TOD 实践提供指导

当前，城市轨道交通的主要问题有：因客流过多而导致的站点超负荷、站内拥堵，因车站及其周围区域缺少活力与吸引力而导致的客流过少，交通资源浪费等。其核心在于站点周边建成环境布局不合理，缺乏建成环境与轨道站点客流的关系的精细化研究。因此，本书以建成环境和轨道站点工作日早晚高峰客流为研究对象，探究建成环境对客流的影响机制，进而提出建成环境更新策略，为实现客流与建成环境的协同规划提供参考。通过参考多尺度地理加权回归模型结果，确定对客流影响较大的建成环境影响因素，对站点周边的土地利用更新、接驳方式调整等方面具有重要意义。提出轨道交通站点周边建成环境范围的确定方法，为更新改造站点区域、TOD 建设提供合理研究范围依据，为构建以城市轨道交通为骨架、公交为主体、"机非"相结合的城市绿色交通系统提供理论基础。通过建成环境影响因素之间的相关性分析，寻找最具显著性的影响因素，有利于为轨道站周边建成环境规划提供一定的理论基础，提高城市更新规划决策的科学性。通过建成环境对客流的影响异质性研究，有利于提高城市交通的可持续性和土地资源的精细化管理。

2．为其他高密度城市更新提供案例

长期以来，建成环境对轨道交通的影响关系研究中，以亚洲高密度城市为例进行的研究较少。不同区域的城市之间存在着较大差别，其研究的动机、视角和结论也有所不同。北美地区的相关研究，大多是从城市蔓延、环境和资源等方面出发，以提高客流量或经济效益为主要目的。以北京为代表的亚洲人口密集城市，其研究重点是提高公交利用率，缓解交通拥挤，提高轨道交通的运行效率和服务质量，实现多元交通系统和建成环境的协调发展。目前，北京的轨道交通已经发展到相当规模，具备了典

型性和代表性，可以为其他城市提供一些经验与参考，适合作为探究建成环境对轨道交通客流之间关系的案例。本书针对北京的研究采用的方法可为其他高密度城市站点周边建成区调整提供参考。

3.3　相关概念介绍

3.3.1　轨道交通及通勤客流

北京城市公共轨道交通不仅有地铁线路，还有部分轻轨线路。因此本书将市域范围内研究的北京城市地铁及轻轨统称为"城市轨道交通系统"，简称"轨道交通"，各站点统称为"轨道站点"。

轨道客流包括客流大小、空间、时间和经济属性。其中客流大小包括全线客流、站点客流、换乘客流、出入口客流等；客流空间属性包括各站点客流、进站客流、出站客流等；客流时间属性包括工作日客流、周末客流、高峰时段客流等；客流社会经济属性包括客流年龄构成、收入构成等。本书关注的客流为：站点工作日进出站客流、高峰时段客流。

轨道客流的时间特征主要体现在同一站点在不同时间段内，产生和吸引的客流不同，与乘客的出行时间与出行目的密切相关，如通勤客流集中在早晚上下班时间，周末及假日的客流高峰相对不会集中于某一特定时段。轨道客流的空间特征主要体现在同一时间不同站点的客流大小不同，客流大小依据其地域、周边建成环境形成不同的空间分布特征，如早高峰出站客流通常集中于办公设施聚集区。

轨道客流主要产生于三个方面，其主要来源是站点周边吸引和产生的客流，如居民居住或办公所在地、大型公共设施、旅游景区等，都可能吸引或产生大量客流；第二方面是接驳客流，乘客在此处上车或下车，但其出发点或目的地不一定在该站点周边区域内，可能通过其他交通方式到此换乘轨道交通；第三方面是站内客流，主要发生于换乘车站与其他线路产生关系，乘客目的地并非在该站点周边，因此不同站点由于其地理位置、所处空间不同而产生或获得不同的客流。

本研究假设以轨道站为中心 500m 到 1500m 每隔 100m 为半径的圆形缓冲区和泰森多边形相交区域作为轨道站点的影响范围。

3.3.2　建成环境及研究范围

建成环境通常是指人造环境，这些人造环境既有广阔性又有聚集性，在本书中指满足人们日常生活需求的场所、设施等人造或自然场所。

站点周边研究范围通常指轨道站周围一定范围的地理空间。城市规划、交通运输业和经济地理学等多个学科对站点周边区域进行了界定。

基于城市规划视角，卡尔索普[27] 提出以公共交通为导向的 TOD 发展模式，并同时提出以从公共交通站点为中心，步行 400m 能到达的站点附近高密度商业区、工作场所和中等到高密度的住宅区为 TOD 范围。Bernick 和 Cervero[28] 提出公交社区（Transit village）概念，指围绕公共交通站点布置的、紧凑的、土地混合使用的社区。Paul 等[29] 在研究中采用车站区域空间（Station area）作为研究范围。国内常见表达有"轨道站域"[30]"轨道交通站区"[31] 等，从城市规划视角来定义轨道站域空间，旨在创造多样化的、环境丰富的站域空间。

基于交通视角，站域有两个方面的含义，一是步行可达的站点内服务范围，又称为 Pedestrian Catchment Area（简称 PCA）[32-34]，现已有规划学者利用其概念划定公共交通站点研究范围内土地利用等建成环境因素与客流的关系[35]；二是能够产生该站点客流的周边区域，有学者解释为"向乘客提供服务的区域"[36]。交通领域对该范围进行定义以更方便计算交通需求量或车站服务限额，为交通规划提供依据。国内学者常将其定义为客流吸引区域[37]、客流辐射区域[38]、客流接驳区域、最后一公里[39] 等，进一步达到节约交通资源、科学规划的目的。

基于经济视角，Cervero 提出 TJD（Transit Joint Development）区域[40]，刘贵文等人[41] 提出了轨道站点周边房价影响范围，经济视角下学者更加注重轨道站周边市场回报率或站点对周边地产价值影响较大的区域。本研究将轨道站周边一定范围内的建成环境作为轨道站点的影响范围。

—— 第 **4** 章 ——

建成环境与轨道客流相关研究

从 1993 年卡尔索普提出公交导向的土地开发（TOD）到美国"精明增长"的规划指导思想，以公共交通为核心进行土地规划和建设成为城市可持续发展的重要原则。伴随着城市城镇化进程加剧，城市蔓延发展和对机动车的依赖加剧，交通拥堵、环境污染等问题日益严峻。以公共交通为导向的城市发展模式被广泛认为是解决城市交通问题的重要途径。城市轨道交通作为承载力最大的公共交通，成为城市公共交通的重要研究对象。近年来，国内外学者在不断探索影响轨道交通客流量的因素，以期为后续的城市轨道交通站域建设提供科学依据。

4.1　建成环境对客流量影响因素研究

由于数据的局限性和地域特色，现有研究对轨道站客流的影响因素选取采用不同的角度。在影响因素的选择上，有学者从土地利用、社会经济因素、交通环境等方面进行了选择[42-46]。表 4-1 列举了部分国内外学者选取的解释变量，总结发现：在土地利用相关因素中学者多选取居住、办公、医疗、休闲娱乐、商业等设施 POI 数量或占地面积，以及土地利用的混合程度、紧凑程度作为影响因素；在经济因素方面多选取人口、就业密度、容积率等因素，部分学者增加了房价影响；在交通环境方面多采用道路密度、公交站点或线路数量等；在站点属性方面，多选用是否为换乘站、出入口数量作为影响因素。这些研究选取的影响因素虽然丰富，但始终没有统一的体系，致使不同研究采用的影响因素体系无法进行有效交叉对比。学者 Cervero 和 Kockelman[2] 通过研究"3D"对旧金山湾区居民的出行率和模式选择的影响验证了建成环境的"3D"维度，即密度（Density）、多样性（Diversity）和设计（Design）。此后 Ewing 和 Cervero[3, 47] 在研究建成环境对步行和骑行行为的影响时，在"3D"维度的基础上增加了换乘距离（Distance to transit）和目的地可达性（Destination accessibility），形成了"5D"规划维度。此后，许多学者以"5D"维度指数为参考，

国内外部分客流解释变量总结

表4-1

影响因素指标	文献[43]	文献[44]	文献[51]	文献[52]	文献[53]	文献[54]	文献[55]	文献[56]	文献[57]	文献[58]	文献[59]	本研究 是否选用	未选用原因
办公密度面积		●								●	●	●	—
住宅密度面积		●								●	●	●	—
商业密度面积		●	●	●						●	●	●	—
教育密度面积			●			●					●	●	—
医疗密度面积				●						●	●	●	—
休闲密度面积		●	●	●						●		●	—
体育密度面积		●									●	●	—
容积率					●		●					●	—
紧凑程度	●												采用建筑密度来体现
设施多样性	●						●	●					—
人口密度			●	●	●	●	●	●		●	●	●	—
就业密度			●	●			●	●	●				未能获取权威数据
道路密度			●	●							●	●	—

续表

影响因素指标	文献[43]	文献[44]	文献[51]	文献[52]	文献[53]	文献[54]	文献[55]	文献[56]	文献[57]	文献[58]	文献[59]	本研究是否选用	未选用原因
交叉口密度		●											改用道路密度
公交站/线路数			●	●		●			●	●	●	●	—
共享单车停靠点数量/距离			●	●							●		北京多数轨道站点出站口均有共享单车停靠点，且居民换乘多采用个人自行车或电动车换乘
轨道站点可达性	●											●	—
与市中心距离			●								●		北京为多中心分布，单一市中心的距离不能较好体现该站点的区位特征
停车位				●	●		●	●			●	●	—
站点出入口数量		●	●	●	●		●	●				●	—
换乘站			●	●	●	●	●		●		●	●	—

研究了影响 TOD 有效性的建成环境[48-50]。随着建成环境"5D"维度的发展，Ewing 和 Cervero[5] 又加入了"需求管理"和"人口统计"，最终形成了建成环境"7D"维度。但是，"需求管理"和"人口统计"作为两类建成环境影响因素对轨道站客流量的空间异质性还有待进一步分析。

本研究希望在现有研究的基础上，增加停车平均收费变量，并将建成环境"7D"维度与轨道站点客流解释变量的选取相结合，寻求以"7D"维度为框架的建成环境影响因素指标体系构建。

4.2　影响轨道站客流量因素方法研究

由于研究目的和数据获取方法不同，研究中公共交通客流量数据的表示方法也有所不同。在无法获得准确的上下车客流量数据时，已有研究使用月平均住宿率[60] 和工作日平均住宿率[61, 62] 代表客流，但更多学者倾向于选择一日内客流[22] 和日均客流[63, 64]，但采用单日客流容易造成数据误差。

为了探索交通客流量与影响因素之间的关系，许多交通需求模型被开发并使用。传统的四步模型存在精度低、获取难、成本高、范围受限等问题[51]，直接需求模型（Direct Demand Model，DRM）[65] 和普通最小二乘法（Ordinary Least Square，OLS）[66] 弥补了四步模型的局限性。现有探索交通客流与影响因素关系时，优先选择直接需求模型[56, 67] 和回归模型，其中回归模型使用频率较高。在全局回归模型中，结构方程模型[68]、距离衰减回归模型[60] 和最小二乘法模型[35, 51, 60, 69] 被广泛使用。这些模型默认，模型参数在全局范围内都是稳定的，因此计算出的系数在空间上没有显著差异[66]。然而使用局部回归模型会得到不同结果，说明在不同的空间中，交通客流量影响因素的估计系数可能不一致。伴随研究对象面积增大、数量增多，局部回归模型面临计算量大、精度低等问题。Fotheringham 等人[70] 提出了地理加权回归模型（Geographically Weighted Regression，GWR），GWR 模型考虑了空间的不稳定性，可以揭示参数的空间异质性。此外，GWR 被证明比全局 OLS 模型[66] 具有更好的拟合结果。许多学者[54, 58, 66, 71] 将该方法应用于建成环境与轨道站客流量的关系研究。最近一些研究提出了混合 GWR 模型[57, 71, 72]，该模型允许一些变量为局部变量，另一些变量为全局变量，以便有效地分离产生全局和局部效应的自变量。然而，它并不能很好地反映因变量空间尺度的变化。多尺度地理加权回归模型（Multi-scale

Geographical Weighted Regression，MGWR）[73, 74] 在此基础上做了一些改进，不仅提高了拟合结果的优度和模型的解释能力，很好地反映了因变量的空间异质性，而且可以利用最优带宽度量影响因素空间异质性的尺度差异 [22, 75]。MGWR 模型目前主要应用于二手房价格影响因素 [75, 76] 和环境科学之间的关系 [77-80]。已有学者应用于研究站点周边环境与客流量互动关系 [22, 42]。

　　本研究获取一周内工作日每小时客流，并计算五日平均值作为研究对象，以减少客流数据误差，采用 OLS、GWR、MGWR 模型探究建成环境与客流之间的关系，进一步验证 MGWR 模型特点，并寻找更适用于建成环境与客流关系研究的回归模型。

4.3　站点周边建成环境分析范围研究

　　从 1989 年卡尔索普提出"行人口袋"的四分之一英里（约 400m）范围，到《下一代美国都市》中 TOD 模型的 2000 英尺（约 600m）半径，轨道站周围的影响范围一直是规划、交通、建筑学者研究的重要一环，也是影响轨道站建成环境与客流量交互机制的重要问题。在轨道站点建成环境划分方法方面，多数研究采用以轨道站点为中心的圆形缓冲区 [35, 42, 44, 51, 57, 58, 64, 65, 67, 69, 81-83]，但考虑到在轨道站分布密集的区域，站点研究区域会发生重叠，造成建成环境的重复计算，因此，有学者采用泰森多边形 [63] 或泰森多边形与圆形缓冲区叠加取交集的方法 [53, 55, 56] 来避免站点建成环境范围的过度重合。不同学者选择的研究半径差异较大（表 4-2）。较多学者采用 500m [44, 57, 64]、600m [42, 83]、800m [22, 35, 51, 82]、1000m [6, 64] 和 1500m [81, 84]，其中较多人选择 800m 为半径建立缓冲区。缓冲区半径多是根据前人的研究经验 [22, 35, 84] 或出行距离 [42, 61, 85] 选取。Guerra 等人 [67] 利用直接需求模型对美国 1457 个公共交通站点及其周围环境进行了研究，总结了 0.25 英里为半径的面积用于工作交通和 0.5 英里为半径的面积用于人口的使用；丛雅蓉 [58] 等人通过步行概率密度的正态分布特征提出最佳半径为 690m，虽然有学者使用定量方法探索分析范围的选择，但涉及的样本量大，难以操作。大多学者研究时采用单一分析范围 [22, 35, 44, 51, 57]，忽略了客流影响因素存在可塑性面积单元问题 [86]（Modified Area Unit Problem，MAUP），MAUP 是指空间分析结果按照设定的基本面积单位（网格单元或粒子大小）变化的问题。有研究表明，MAUP 问题是出行行为分析中一个必不可少的基本问题 [87-89]。

　　结合北京市中心轨道站点分布较为密集的特点，本研究考虑 MAUP 问题，选取从 500m 到 1500m 区间每 100m 间隔为半径的圆形缓冲区与泰森多边形相结合确定为研究范围,这样不仅会使研究范围面积改变,同时空间数据集合的形状也会发生改变,探究模型拟合度更高的分析范围。

国内外轨道站分析范围相关研究　　　　　　　　　　表4-2

学者	分析范围半径	划分方式	选取依据
高德辉等[22]	800m	泰森多边形与圆形缓冲区叠加	根据现有研究经验
Jun等[42]	300m、300~600m、600~900m	圆形缓冲区	结合实际情况分析
Kuby等[61]	800m	实际路网缓冲区	标准步行距离
刘伟[90]	400m、800m、1200m	三级效应场	"源流"关系理论,廊道理论
李博文[91]	800m	圆形缓冲区	实地调研
金昱等[85]	500m	圆形缓冲区	步行可达站点范围
谭章智等[6]	1000m	轨道线路两侧	结合实际情况分析
David等[92]	600m	圆形缓冲区	根据现有研究经验
白同舟等[84]	800m、1500m	圆形缓冲区	根据现有研究经验

4.4　国内外研究小结

近年部分建成环境与站点客流之间关系的研究总结见表 4-3,分别从分析方法、模型中使用的解释变量、建成环境影响范围的划分以及案例研究区域等方面进行总结,通过文献回顾发现,我国学者在研究中使用的方法和建成环境影响因素与国外相似,但在分析范围选择中采用的方法略有不同,国内学者多考虑泰森多边形叠加圆形缓冲区的方法消除重合影响部分,国外学者会根据社区、街区尺度划分分析范围。在客流量和建成环境的研究方面,更多学者选择单一的尺度范围,很少考虑 MAUP 的尺度和分区效应来分析建成环境因素对轨道客流量的影响。与 GWR 和 OLS 模型相比,MGWR 具有更好的拟合优度,能够更好地反映建成环境对出行影响的空间和尺度差异,具有一定的优势。但是,建成环境变量的空间异质性反映了解释变量的影响因城市位置不同而不同,同一建成环境的解释变量的影响程度在不同城市之间可能不具有可比性。因此,在应用 MGWR 模型时,应针对具体城市进行针对性分析。

　　本研究的目的是寻找轨道站周边建成环境的较佳尺度范围，并提高轨道站客流与建成环境影响因素之间的 MGWR 模型的拟合优度。基于"7D"纬度，考虑影响建成环境因素中的需求管理因素，构建轨道站点周边不同范围建成环境下的多个 MGWR 模型。通过对拟合优度结果的比较，选择建成环境的最佳尺度范围进行评价，探讨对轨道站点高峰时段通勤客流有显著影响的建成环境影响因素及其空间异质性和尺度差异，为规划决策提供理论基础及更新策略。

国内外近年部分相关研究总结   表4-3

作者	分析方法	范围分区方法	范围半径	研究区域	影响因素
Guerra等[67]	DRM	圆形缓冲区	0.25英里、0.5英里	美国的21个城市	工作的最佳圆形缓冲区半径是0.25英里，居住的最佳圆形缓冲区半径是0.5英里
Cardozo等[66]	OLS, GWR	圆形缓冲区	200m、800m	西班牙马德里	GWR模型比OLS模型拟合效果更好
Jun等[42]	逐步回归模型，混合地理加权回归模型	圆形缓冲区	300m、600m、900m	韩国首尔	建议将PCA定义为半径为600m
Calvo等[54]	GWR	社区尺度	—	西班牙马德里	不同地区显著影响因素不同
AlKhereibi等[43]	全局回归模型	社区尺度	—	卡塔尔	土地利用多样性是显著影响因素
Zhao等[35]	多元回归模型	圆形缓冲区	800m	中国南京	显著影响因素包括教育建筑数量、娱乐场所和购物中心数量等
Chen等[44]	OLS,GWR, Minkowski distance-GWR	圆形缓冲区	500m	中国南京	MD-GWR比全局OLS和GWR具有更好的拟合优度
Li等[55]	GWR	泰森多边形与圆形缓冲区叠加	800m	中国广州	建成环境对客流的影响具有空间异质性
丛雅蓉等[58]	GWR	泰森多边形与圆形缓冲区叠加	690m	中国西安	土地利用类型对客流的影响具有时空异质性
高德辉等[22]	MGWR	泰森多边形与圆形缓冲区叠加	800m	中国北京	建成环境特征具有显著的空间异质性，MGWR的拟合优度优于全局OLS和GWR

第5章
轨道客流与建成环境相关数据处理

5.1　研究区域概况及轨道交通现状

北京市地处中国北部、华北平原北部，东与天津市毗连，其余均与河北省相邻，是全国政治中心、文化中心、国际交往中心、科技创新中心。北京是中国第一个拥有地铁的城市。北京城市轨道交通系统规划于1953年，始建于1965年，1969年正式开通运行，是世界上规模较大的城市地铁系统，亦是中国大陆最繁忙的城市轨道交通系统之一，同时也是国际地铁联盟的一员。

本研究以北京市域为研究范围，以市域中2017年正在运行的轨道交通1号线、2号线、5号线、8号线等19条轨道站点线路沿线站点为研究对象，站点所在的区域包括北京市东城区、西城区、朝阳区、海淀区、丰台区、通州、石景山区、大兴区、房山区、顺义区和昌平区（图5-1）。

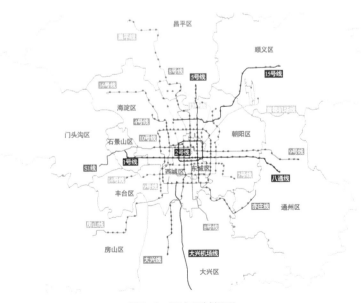

图5-1　研究区域概况

5.2 北京轨道交通发展历程

20 世纪 50 年代初，毛泽东主席就认识到了地下铁路的重要意义，并提出了在北京"建设地下铁路"的战略构想。1953 年，北京制定了关于《改建与扩建北京市的规划草案》，开始筹备北京地下铁道的修建工作。在 12 年的准备工作后，"一环两线"规划在 1965 年正式敲定（图 5-2）。北京轨道交通第一期开工建设，1969 年建成 23 公里长的轨道交通，使北京成为中国最早拥有轨道交通的城市。此后，在 1983 到 1993 年间，北京的轨道交通又经历了几次调整。2001 年北京获得第 29 届奥运会的主办权，标志着北京轨道交通进入了一个新的发展时期，为更好地服务于奥运会，北京市的地铁线网中又增加了一条环形线。2004 年，北京提出"两轴、两带、多中心"的城市空间布局，确立了城市地铁系统的重要地位，13 号线、5 号线、4 号线等相继竣工。2007 ~ 2012 年间，北京地铁运营里程由 142km 增至 440km，运营线路由 4 条扩展至 15 条，日均客流量由 179 万增长至 639 万，最高日客流量突破 800 万，5 年间北京地铁进入了每年都有新线路投入运营的"黄金期"。

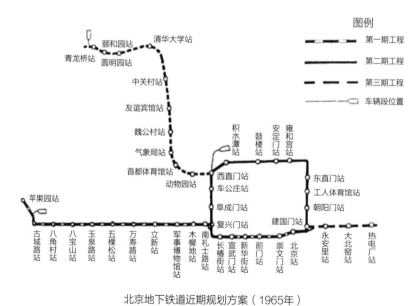

北京地下铁道近期规划方案（1965年）

图5-2 1965年北京地下铁道规划方案（图片来源：新京报文章）

随着地铁线路不断增多，载客量不断攀升，乘坐舒适性不断升级，北京已经进入世界前三甲。北京地铁在 2012 年 5 月的日均客流量已经接近 840 万，超过了 800 万大关。这意味着，已有 42 年历史的北京地铁，其客流量将与莫斯科地铁相提并论，后者开通了 77 年，并被认为是全球第二大最繁忙的城市[93]。北京城市轨道交通里程在 2012 年底实现 440km，是一个具有里程碑意义的重大事件。据国际公共运输联合会的统计报告数据显示，2014 年全球有 157 座城市拥有轨道交通，而以年旅客吞吐量来看，北京位居全球第二。经过半个世纪的摸索，北京地铁在 2017 年形成了"三环、四横、五纵、七放射"的网络布局，运营里程 574 公里，线路 19 条，车站 296个，日客流量超过一千万人次，年客流量达到 36.6 亿人次。2021 年，在公共交通出行总量中地铁运力占 62%。北京在 2022 年末拥有 26 条地铁线（图 5-3），总运营里程为 783 公里，位居中国第二。北京轨道交通 10 号线是目前北京轨道交通中长度最长的一条，长达 57.1 公里。根据《轨道交通二期规划及重大项目》文件显示，到2025 年，北京地铁的总里程将突破 1000 公里。

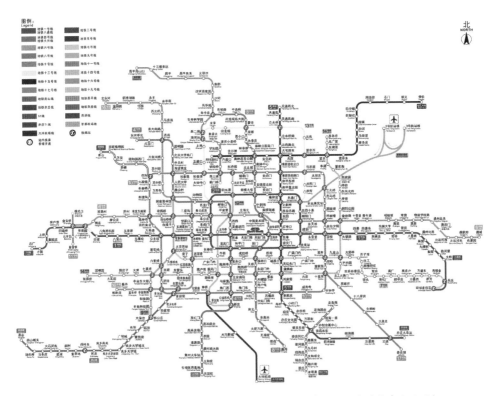

图5-3　2022年末北京城市轨道交通线路网图（图片来源：北京地铁官方网站）

5.3　轨道站点空间分布现状

利用核密度分析工具对北京市轨道站点和轨道线路进行核密度分析，采用自然间断点法划分集聚程度区间，研究其空间分布的集聚性。

根据图 5-4 轨道站点核密度结果显示，站点高聚集中心在城市中心区，而在主城区五环以外区域的聚集程度较低。识别的轨道站点分布中心核密度值最高为 0.85，最低区间小于 0.14，核密度值总体由中心城区向外围城区逐渐递减。从分析结果可看出，总体上北京市的轨道站点设施构成"单核心网状"的城市空间分布特征，分布密度趋势呈现由城市中心区沿交通干线逐渐向外围递减，在二环内聚集程度较高，五环外较为分散。根据图 5-5 轨道线路核密度结果显示，高聚集中心在城市中心区，分布密度趋势呈现由城市中心区沿交通干线逐渐向外围递减的指状空间布局特征，与城市道路走向相似。

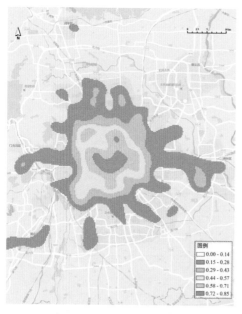

图5-4　轨道站点核密度结果

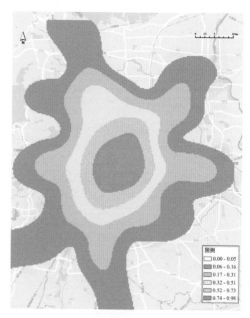

图5-5　轨道线路核密度结果

5.4　轨道客流的获取与处理

　　轨道站点、站点客流数据和站点线路数据来源见表 5-1。北京市轨道交通系统采用双次刷卡制度，即进出站均需要刷卡。数据处理过程中采用调查的方式获取了包含线路、站点名称与代号的对应关系表，利用该对应表即可真实匹配客流的进出站点名称。为减少单日客流容易产生的误差，以 2017 年 4 月 17 日（星期一）至 2017 年 4 月 21 日（星期五）五个工作日作为时间范围，选取北京市 287 个轨道站点 5 时到 24 时每分钟进出站客流数据（图 5-6）。为方便统计分析，首先计算出各轨道站点每日每小时进出站客流总量，再计算五日的每小时平均进出站客流，作为最终各轨道站点进出站客流研究数据。

轨道站点相关数据类型及来源　　　　　　　　表5-1

数据名称	数据种类	数据来源
北京市轨道交通客流数据	其他数据	北京市交通委员会科技项目"公交运营监测考核评价关键指标提取与可视化分析应用"子课题"基于公交常态化监测的主城区及郊区公交舒适性分析"
北京市轨道交通站点	点数据	高德地图爬取（https://www.amap.com/）
北京市轨道交通线路数据	线数据	Open Street Map开源地图获取道路、公交线路、轨道线路数据（https://www.openstreetmap.org/）

日期	时间	七里庄	万寿路	万源街	三元桥	上地	东单	东四	东四十条	东夏园	东大桥	东湖渠	东直门	东风北桥	中关村
2017/4/17	7时00分	9	14	6	37	32	63	38	13	7	6	0	89	2	25
2017/4/17	7时01分	6	14	1	40	6	48	25	40	0	89	0	93	3	6
2017/4/17	7时02分		15	2	12	24	56	19	14	1	1	8	40	5	3
2017/4/17	7时03分	0	11	0	28	25	19	15	3	0	43	29	75	6	29
2017/4/17	7时04分	10	8	0	35	12	87	26	26	1	108	4	115	1	14
2017/4/17	7时05分	24	16	6	45	12	38	27	72	10	5	1	83	0	0
2017/4/17	7时06分	8	10	3	18	1	54	19	17	7	8	0	42	0	1
2017/4/17	7时07分	5	24	3	19	13	28	30	6	1	70	0	52	18	41
2017/4/17	7时08分	14	25	2	64	59	98	36	4	0	1	15	61	17	10
2017/4/17	7时09分	13	14	0	22	4	36	26	82	0	44	24	99	1	0
2017/4/17	7时10分	12	12	19	75	11	78	23	26	0	97	0	93	0	19
2017/4/17	7时11分	32	11	4	2	43	33	25	0	2	10	0	101	7	63
2017/4/17	7时12分	12	22	1	70	32	80	42	66	18	9	0	71	3	20
2017/4/17	7时13分	15	13	3	9	25	54	35	15	2	68	0	91	0	6
2017/4/17	7时14分	5	13	0	64	4	70	45	61	0	2	12	75	24	50
2017/4/17	7时15分	10	19	6	17	44	70	24	47	0	25	37	61	7	21
2017/4/17	7时16分	13	18	13	43	35	64	22	1	0	150	0	80	4	7
2017/4/17	7时17分	17	18	1	64	4	72	52	32	7	0	2	111	5	68
2017/4/17	7时18分	26	13	6	25	41	85	24	66	16	3	0	81	1	19
2017/4/17	7时19分	18	20	2	66	29	54	54	18	3	80	0	71	29	11
2017/4/17	7时20分	6	15	1	46	24	94	36	65	1	7	25	70	11	54
2017/4/17	7时21分	11	24	24	53	37	47	50	10	0	28	40	72	5	5
2017/4/17	7时22分	13	34	2	43	11	60	33	35	0	149	0	129	0	9

图5-6　部分站点客流每分钟出站数据截图

5.5 轨道站点客流分布特征

5.5.1 时间分布特征

图 5-7 为五日内北京市轨道交通运营线路每小时进、出站客流，可以看出一天内客流有明显的时间变化，且进站客流与出站客流变化趋势一致。6:00 开始，客流逐渐增多，8:00 到达进出站客流峰值，后逐渐下降，到 10:00 客流变化趋于平缓，16:00 进出站客流开始增加，到 18:00 到达客流峰值，随后逐渐下降。根据客流总量高峰所在时段选取工作日早高峰时段为 7:00～9:00，晚高峰时段为 17:00～19:00，早、晚高峰的进、出站客流统称为通勤客流。可明显看出早高峰的进出站客流总量均高于晚高峰的进出站客流总量。

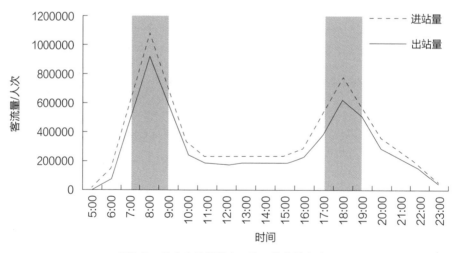

图5-7　北京市轨道站点工作日进出站客流量

5.5.2 空间分布特征

图 5-8 为各轨道站点在五个工作日内通勤客流空间分布，图中点越大代表该站点的客流量越大。可以看出，早高峰进站（图 5-8a）与晚高峰出站（图 5-8b）客流空间分布相似，早高峰出站（图 5-8c）和晚高峰进站（图 5-8d）客流空间分布相似，这一结论与工作日通勤客流的规律相似，同样具有对称性。在二环三环的东部区域、昌平线沿线、天通苑区域内站点早高峰进站与晚高峰出站客流普遍较大，其中西二

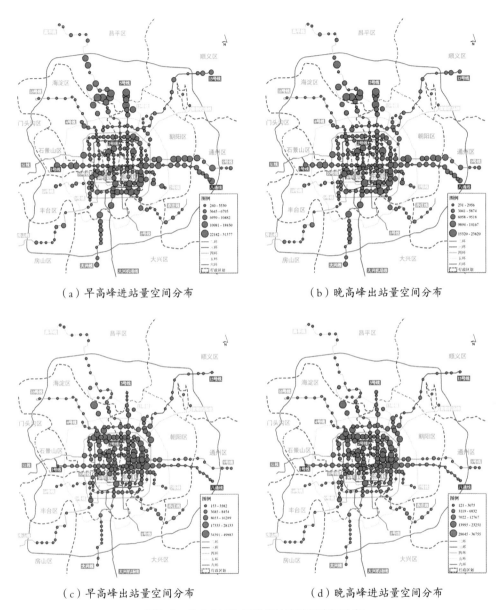

（a）早高峰进站量空间分布　　　　　　　　（b）晚高峰出站量空间分布

（c）早高峰出站量空间分布　　　　　　　　（d）晚高峰进站量空间分布

图5-8　北京市工作日进出站客流量空间分布

旗、朝阳门、国贸、大望路、西直门、三元桥、东直门站客流最大。在城市外围昌平区、通州区、大兴区、房山区内站点早高峰出站和晚高峰进站客流普遍聚集，三环外站点客流也较大，其中在天通苑、霍营、天通苑北、宋家庄、立水桥、回龙观、十里河站客流最大。在海淀区内16号线沿线站点客流始终较小，且随时间的变化并不大。可以看出北京市轨道站点通勤客流有明显的瞬时聚集现象，也有通勤客流始终较少的站点，说明北京市轨道交通存在客流分布不均衡的现象。早高峰进、出站客流的空间分布特征相反，晚高峰进、出站客流的空间分布特征相反，且客流聚集站点不同，说明北京市存在着较为严重的职住分离现象。

5.6　建成环境指标选择及分析范围划定

5.6.1　建成环境指标选择依据

通过汇总现有相关研究发现，在建成环境影响因素选择方面多采用办公密度、住宅密度等指标探究客流与周边环境的关系，本部分借鉴汇总后所有指标（表5-2），依据数据可获取性及实验可操作性原则，选取部分指标并增加停车场平均收费指标作为建成环境影响因素，结合建成环境"7D"维度，确立建成环境量化指标体系。将建成环境影响因素分为密度、多样性、设计、目的地可达性、交通距离、需求管理、人口统计及站点属性8个类别，共18个影响因素。

建成环境影响因素指标选取

表5-2

影响因素指标	本研究是否选用	未选用原因
办公密度/面积	√	—
住宅密度/面积	√	—
商业密度/面积	√	—
教育密度/面积	√	—
医疗密度/面积	√	—
休闲密度/面积	√	—
体育密度/面积	√	—
容积率	√	—
紧凑程度	×	采用建筑密度来体现
设施多样性	√	—
人口密度	√	—
就业密度	×	未能获取权威数据
道路密度	√	—

影响因素指标	本研究是否选用	未选用原因
交叉口密度	×	改用道路密度
公交站/线路数	√	—
共享单车停靠点数量/距离	×	北京多数轨道站点出站口均有共享单车停靠点，且居民换乘多采用个人自行车或电动车换乘
轨道站点可达性	√	—
与市中心距离	×	北京为多中心分布，单一市中心的距离不能较好体现该站点的区位特征
停车位	√	—
站点出入口数量	√	—
换乘站	√	—

5.6.2　站点分析范围建立

住建部 2015 年颁布的《城市轨道沿线地区规划设计导则》提出距离轨道站点半径为 300～500m 范围为核心区，500～800m 范围为轨道影响区，现有研究范围半径大多不同且跨度较大，不同城市所使用的研究范围半径也可能不同。北京轨道站点具有中心密边缘疏的分布特点，周边站点的影响范围应大于中心区，选取泰森多边形与圆形缓冲区叠加的方法，这种划分方法会自动形成站点密集的地方影响范围较小，站点分散的面积影响范围相对较大的情况。因此，结合 MAUP 问题，本文选取泰森多边形和 500～1500m 每隔 100m 为半径的圆形缓冲区相结合的方法（图 5-9），称为泰森多边形叠加范围，作为轨道站点周边建成环境的分析范围。通过对不同分析范围结果进行比较，寻求适用于北京的最佳分析范围。

在 11 种轨道站点建成环境分析范围下，分别进行各轨道站点的建成环境影响因素指标计算分析，得到 11 个建成环境变量数据集。本书给出 1000m 圆形缓冲区与泰森多边形叠加区域下的部分轨道站点建成环境变量结果（表 5-3）。建成环境指标描述性统计见附录。

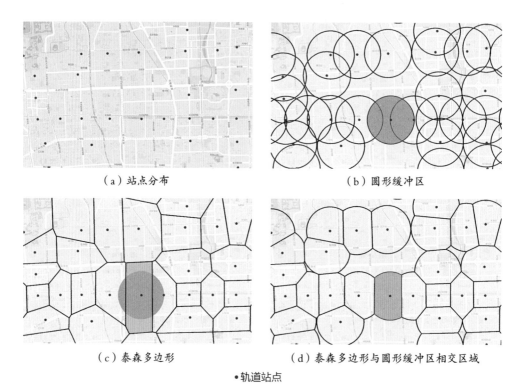

（a）站点分布　　　　　　　　　　　（b）圆形缓冲区

（c）泰森多边形　　　（d）泰森多边形与圆形缓冲区相交区域

· 轨道站点

图5-9　泰森多边形与圆形缓冲区相交范围示意图

部分站点建成环境变量结果　　　　　　　　　表5-3

影响因素	北邵洼	南邵	沙河高教园	沙河	呼家楼	金台路	十里堡
居住类设施密度	0.69	5.62	4.47	26.17	85.62	55.74	35.52
办公类设施密度	3.40	10.98	3.53	39.28	421.42	153.64	117.23
商业类设施密度	17.51	35.72	57.09	121.28	1153.56	411.97	678.33
风景名胜类设施密度	0.34	0.66	0.00	0.00	10.35	2.42	2.99
科教文化类设施密度	2.06	5.95	4.78	25.85	127.02	94.51	56.09
体育休闲类设施密度	0.34	0.99	1.91	16.92	42.34	21.81	39.64
医疗服务类设施密度	1.03	4.30	0.64	19.15	37.64	33.93	34.03
建筑密度	0.01	0.02	0.04	0.09	0.21	0.24	0.22
土地利用混合度	0.88	0.82	0.80	0.83	0.71	0.84	0.76

续表

影响因素	北邵洼	南邵	沙河高教园	沙河	呼家楼	金台路	十里堡
容积率	0.03	0.14	0.22	0.87	1.80	1.48	1.40
道路密度	5.51	7.00	5.30	9.43	13.73	12.44	9.93
轨道站点出入口数量	4	5	4	4	8	6	3
停车场数量	1	8	3	41	118	131	171
轨道线路密度	0.69	0.64	0.63	0.64	1.95	1.63	0.62
公交线路密度	25.75	18.33	17.70	16.02	53.02	29.66	26.50
停车场平均收费	2	2	24	4	25.57	27.14	23.43
人口密度	845	597	1115	2329	16436	14994	16908
轨道站是否为换乘站	0	0	0	0	1	1	0

—————— 第 **6** 章 ——————

回归模型构建与结果分析

6.1　模型自变量检验

6.1.1　空间自相关分析

对工作日早高峰进、出站客流量和晚高峰进、出站客流量进行 Moran's I 指数检验，结果表示：早高峰进、出站客流量和晚高峰进、出站客流量的 p 值均小于 0.05，Moran's I 指数在 –1 到 1 之间，表明解释变量空间自相关性显著，适合建立回归模型。

对轨道站点周边不同分析范围内的建成环境影响因素进行 Moran's I 指数检验（表 6–1）。结果表明：半径 500m 范围中，体育休闲类、医疗保健类设施点密度指标 p 值分别为 0.713、0.054，均大于 0.05；半径 1500m 范围中，土地利用混合度指标 p 值为 0.098，大于 0.05。半径 1100m 范围中土地利用混合度指标 p 值为 0.049，半径 1400m 范围中商业娱乐类设施密度指标 p 值为 0.049，均小于 0.05，无需剔除。在进行不同建成环境研究范围下的 OLS、GWR、MGWR 模型分析时，为方便比较，统一将具有空间自相关的体育休闲类和医疗保健类设施密度自变量剔除，进行不同半径分析范围下的模型结果比较。

6.1.2　局部共线性检验

计算轨道站点周边不同分析范围的建成环境各影响因素指标值（解释变量）的方差膨胀系数 (Variance Inflation Factor，VIF)，由结果可知：不同分析范围的建成环境各影响因素指标 VIF 值均小于 10（表 6–2），因此不需要剔除变量。

空间自相关检验结果

表6-1

影响因素		泰森多边形叠加范围半径（m）										
		500	600	700	800	900	1000	1100	1200	1300	1400	1500
居住类设施密度	p	0.00	0.00	0.00	0.00	0.00	0.00	0.00	0.00	0.00	0.00	0.00
	M	0.10	0.53	0.57	0.59	0.61	0.63	0.64	0.65	0.67	0.68	0.30
办公类设施密度	p	0.00	0.00	0.00	0.00	0.00	0.00	0.00	0.00	0.00	0.00	0.00
	M	0.09	0.47	0.49	0.50	0.51	0.53	0.54	0.55	0.56	0.56	0.57
商业类设施密度	p	0.00	0.00	0.00	0.00	0.00	0.00	0.00	0.00	0.00	0.05	0.00
	M	0.08	0.16	0.19	0.21	0.22	0.23	0.24	0.25	0.25	0.25	0.26
风景名胜类设施密度	p	0.00	0.00	0.00	0.00	0.00	0.00	0.00	0.00	0.00	0.00	0.00
	M	0.09	0.28	0.33	0.39	0.43	0.49	0.54	0.59	0.61	0.62	0.62
科教文化类设施密度	p	0.00	0.00	0.00	0.00	0.00	0.00	0.00	0.00	0.00	0.00	0.00
	M	0.07	0.51	0.83	0.55	0.57	0.57	0.58	0.59	0.60	0.60	0.61
体育休闲类设施密度	p	0.71	0.00	0.00	0.00	0.00	0.00	0.00	0.00	0.00	0.00	0.00
	M	0.01	0.36	0.39	0.42	0.46	0.48	0.50	0.52	0.53	0.53	0.54
医疗保健类设施密度	p	0.05	0.00	0.00	0.00	0.00	0.00	0.00	0.00	0.00	0.00	0.00
	M	0.05	0.41	0.44	0.43	0.44	0.47	0.48	0.49	0.50	0.51	0.52
建筑密度	p	0.00	0.00	0.00	0.00	0.00	0.00	0.00	0.00	0.00	0.00	0.00
	M	0.47	0.50	0.51	0.51	0.52	0.52	0.52	0.52	0.53	0.54	0.55
土地利用混合度	p	0.00	0.00	0.02	0.03	0.04	0.03	0.05	0.04	0.03	0.03	0.10
	M	0.09	0.09	0.06	0.05	0.05	0.05	0.03	0.05	0.05	0.05	0.04

续表

影响因素		\multicolumn{11}{c}{泰森多边形叠加范围半径（m）}
		500	600	700	800	900	1000	1100	1200	1300	1400	1500
道路密度	p	0.00	0.00	0.00	0.00	0.00	0.00	0.00	0.00	0.00	0.00	0.00
	M	0.44	0.43	0.49	0.54	0.55	0.57	0.63	0.64	0.65	0.66	0.67
容积率	p	0.00	0.00	0.00	0.00	0.00	0.00	0.00	0.00	0.00	0.00	0.00
	M	0.38	0.32	0.39	0.61	0.42	0.43	0.44	0.51	0.47	0.54	0.50
停车场数量	p	0.00	0.00	0.00	0.00	0.00	0.00	0.00	0.00	0.00	0.00	0.00
	M	0.45	0.44	0.44	0.43	0.41	0.38	0.36	0.33	0.32	0.30	0.29
轨道线路密度	p	0.00	0.00	0.00	0.00	0.00	0.00	0.00	0.00	0.00	0.00	0.00
	M	0.09	0.08	0.10	0.17	0.16	0.20	0.22	0.26	0.28	0.31	0.32
公交线路密度	p	0.00	0.00	0.00	0.00	0.00	0.00	0.00	0.00	0.00	0.00	0.00
	M	0.13	0.12	0.09	0.11	0.12	0.09	0.16	0.12	0.13	0.15	0.16
轨道交通出入口数量	p	0.00	0.01	0.01	0.01	0.01	0.01	0.00	0.01	0.01	0.01	0.01
	M	0.78	0.62	0.57	0.57	0.57	0.57	0.57	0.57	0.57	0.57	0.57
停车场平均收费	p	0.00	0.00	0.00	0.00	0.00	0.00	0.00	0.00	0.00	0.00	0.00
	M	0.43	0.43	0.42	0.54	0.48	0.49	0.53	0.57	0.43	0.56	0.56
人口密度	p	0.00	0.00	0.00	0.00	0.00	0.00	0.00	0.00	0.00	0.00	0.00
	M	0.32	0.34	0.39	0.46	0.46	0.51	0.50	0.54	0.52	0.53	0.57
轨道站点属性	p	0.00	0.00	0.00	0.00	0.00	0.00	0.00	0.00	0.00	0.00	0.00
	M	0.07	0.07	0.07	0.07	0.07	0.07	0.07	0.07	0.07	0.07	0.07

注：M 表示Moran's I 指数。

局部共线性检验结果

表6-2

泰森多边形叠加范围加半径（m）

影响因素	500	600	700	800	900	1000	1100	1200	1300	1400	1500
居住类设施密度	1.45	4.52	5.26	6.06	6.18	6.14	6.14	5.84	6.21	5.99	1.61
办公类设施密度	3.22	4.61	4.56	5.02	4.89	5.01	5.18	5.24	5.40	5.32	4.51
商业类设施密度	3.87	3.13	3.20	3.35	3.47	3.58	3.58	3.61	3.65	3.66	2.58
风景名胜类设施密度	1.33	1.42	1.42	1.44	1.62	1.56	1.60	1.64	1.64	1.70	1.60
科教文化类设施密度	1.79	2.82	0.99	3.08	3.24	3.29	3.30	3.46	6.47	3.67	3.23
体育休闲类设施密度	■	3.33	3.55	3.56	3.83	4.03	4.14	4.19	4.20	4.16	4.26
医疗保健类设施密度	■	2.78	3.02	3.12	3.24	3.23	3.28	3.26	3.28	3.37	3.07
建筑密度	2.26	2.56	2.71	3.11	2.96	3.12	3.24	2.63	3.43	3.35	3.06
土地利用混合度	1.76	1.77	1.77	2.02	1.97	2.01	2.05	2.03	2.06	2.06	■
容积率	2.70	3.39	3.50	5.59	3.92	4.08	4.43	3.00	4.56	4.74	4.53
道路密度	2.02	2.04	2.12	2.27	2.25	2.45	1.55	2.69	1.55	2.95	2.88
轨道线路密度	2.02	6.38	6.36	4.94	5.88	5.86	6.52	5.89	6.51	5.46	6.46
公交线路密度	1.34	1.31	1.27	1.47	1.19	1.47	1.6	1.56	1.65	1.69	1.74
停车场数量	2.29	4.51	4.32	4.08	3.62	3.42	2.70	3.10	2.31	1.99	2.61
到最近公交车站的距离	1.10	1.07	1.08	1.08	1.07	1.08	1.07	1.07	1.07	1.08	1.07
停车场平均收费	1.44	1.44	1.48	1.56	1.60	1.56	1.70	1.91	1.38	1.68	1.71
人口密度	1.44	1.62	1.76	1.58	1.99	1.65	2.11	1.57	2.20	2.27	1.70
轨道站点属性	6.34	6.39	6.21	4.50	5.22	4.94	6.21	4.52	6.19	4.01	4.31

注：■表示存在空间自相关的影响因素。

6.2 拟合优度最佳模型及建成环境分析范围

6.2.1 早高峰进站结果

以早高峰进站客流为因变量，不同分析范围建成环境影响因素为自变量构建 OLS、GWR、MGWR 模型，得到各分析范围的决定系数 R^2、调整的决定系数 R^2_{Adj}、修正的赤池信息准则 $AICc$、残差平方和 RSS。其中，R^2 和 R^2_{Adj} 越高表明回归模型拟合效果越好，$AICc$ 和 RSS 值越低表明拟合效果越好，一般采用决定系数进行回归模型拟合优度对比分析。11 种建成环境分析范围的回归模型拟合优度结果见表 6-3。从结果可以看出：①在相同半径下，GWR 模型的 R^2 和 R^2_{Adj} 均高于 OLS 模型结果，GWR 模型的 $AICc$ 和 RSS 值均低于 OLS 模型结果；MGWR 模型的 R^2 和 R^2_{Adj} 均高于 GWR 模型结果，MGWR 模型的 $AICc$ 和 RSS 值均低于 GWR 模型结果；因此，MGWR 模型获得的模型解释力最高，GWR 其次，OLS 模型获得的解释力最低。②在相同模型下，OLS 模型中半径 1000m 的 R^2 和 R^2_{Adj} 均为最高，RSS 最低，半径 500m 的 $AICc$ 值最低；GWR 模型中半径 1300m 的 R^2 和 R^2_{Adj} 均为最高，RSS 最低，半径 1200m 的 $AICc$ 值最低；MGWR 模型中半径 1100m 的 R^2 和 R^2_{Adj} 均为最高，$AICc$ 和 RSS 最低，不同回归模型获得的结果不完全相同，但均位于半径 1000～1300m 范围内。

6.2.2 早高峰出站结果

以早高峰出站客流为因变量，不同分析范围建成环境影响因素为自变量构建 OLS、GWR、MGWR 模型，得到各分析范围的 R^2、R^2_{Adj}、$AICc$、RSS。11 种建成环境分析范围的回归模型拟合结果见表 6-4。从结果可以看出：①在相同半径下，MGWR 模型获得的模型解释力最高，GWR 其次，OLS 模型获得的解释力最低。②在相同模型下，OLS 模型中半径 800m 的 R^2 和 R^2_{Adj} 均为最高，$AICc$ 和 RSS 值均为最低；GWR 模型中半径 1000m 的 R^2 和 R^2_{Adj} 均为最高，RSS 值最低，$AICc$ 值比较低；MGWR 模型中半径 1000m 的 R^2 和 R^2_{Adj} 均最高，$AICc$ 和 RSS 值均最低，不同回归模型获得的结果不完全相同。

早高峰进站不同分析范围下回归模型结果

表6-3

模型及拟合优度指标		半径（m）										
		500	600	700	800	900	1000	1100	1200	1300	1400	1500
OLS	R	0.25	0.23	0.22	0.23	0.23	0.26	0.19	0.26	0.21	0.25	0.26
	A	0.21	0.17	0.17	0.18	0.18	0.21	0.13	0.20	0.15	0.19	0.20
	C	770	786	784	782	785	773	800	775	793	778	777
	S	215	222	222	221	2211	212	233	213	227	216	214
GWR	R	0.33	0.31	0.42	0.39	0.34	0.46	0.55	0.49	0.56	0.44	0.45
	A	0.26	0.22	0.30	0.31	0.26	0.35	0.39	0.38	0.40	0.34	0.34
	C	764	781	775	752	769	753	789	751	785	756	763
	S	192	199	167	176	188	156	129	146	127	159	159
MGWR	R	0.55	0.64	0.63	0.44	0.48	0.67	0.72	0.66	0.7	0.63	0.55
	A	0.44	0.53	0.52	0.36	0.38	0.55	0.61	0.55	0.59	0.52	0.54
	C	730	707	701	733	746	684	673	681	682	700	698
	S	131	103	105	162	148	99	82	99	85	106	93

注：R表示R^2，A表示R^2_{Adj}，C表示AICc，S表示RSS。

早高峰出站不同分析范围下回归模型结果

表6-4

模型及拟合优度指标		半径（m）500	600	700	800	900	1000	1100	1200	1300	1400	1500
OLS	R	0.61	0.68	0.67	0.74	0.67	0.74	0.67	0.69	0.67	0.65	0.68
	A	0.59	0.65	0.65	0.73	0.65	0.72	0.64	0.66	0.65	0.63	0.65
	C	580	537	537	466	539	475	550	527	543	558	537
	S	111	93	93	73	94	75	97	90	95	100	93
GWR	R	0.64	0.71	0.76	0.78	0.70	0.80	0.75	0.78	0.76	0.68	0.76
	A	0.60	0.67	0.71	0.75	0.67	0.76	0.70	0.73	0.71	0.65	0.71
	C	585	534	529	457	541	470	534	509	526	554	524
	S	103	85	69	65	85	57	72	64	69	92	68
MGWR	R	0.79	0.86	0.84	0.85	0.77	0.90	0.82	0.84	0.82	0.73	0.79
	A	0.73	0.81	0.79	0.82	0.72	0.86	0.79	0.79	0.79	0.68	0.79
	C	521	465	469	396	516	388	464	454	473	551	479
	S	61	41	46	44	66	28	48	47	44	79	44

注：R表示R^2，A表示R^2_{Adj}，C表示AICc，S表示RSS。

6.2.3　晚高峰进站结果

以晚高峰进站客流为因变量，不同分析范围建成环境影响因素为自变量构建 OLS、GWR、MGWR 模型，得到各分析范围的 R^2、R^2_{Adj}、$AICc$、RSS。表 6-5 为 11 种建成环境分析范围的回归模型拟合结果。可以看出：①在相同半径下，MGWR 模型具有最高的模型解释力，而 OLS 模型的解释力最低。②在相同模型下，OLS 模型中半径 800m 的 R^2 和 R^2_{Adj} 均为最高，$AICc$ 和 RSS 值均为最低；GWR 模型中半径 1000m 的 R^2 和 R^2_{Adj} 均为最高，半径 800m 的 $AICc$ 和 RSS 值均为最低；MGWR 模型中半径 1000m 的 R^2 和 R^2_{Adj} 最高，$AICc$、RSS 值最低，对于晚高峰进站客流而言，不同模型的结果不同。

6.2.4　晚高峰出站结果

以晚高峰出站客流为因变量，不同分析范围建成环境影响因素为自变量构建 OLS、GWR、MGWR 模型，各分析范围的 R^2、R^2_{Adj}、$AICc$、RSS。11 种建成环境分析范围的回归模型拟合优度结果，见表 6-6。从结果可以看出：①在相同半径下，MGWR 模型获得最高模型解释力，OLS 模型获得的解释力最低。②在相同模型下，OLS 模型中半径 800m 的 R^2 和 R^2_{Adj} 均为最高，$AICc$ 和 RSS 均为最低；GWR 模型中半径 1200m 和 1500m 的 R^2 和 R^2_{Adj} 均为最高，半径 1200m 的 $AICc$ 值最低，半径 1500m 的 RSS 最低，由于半径 1200m 的 RSS 值略比半径 1500m 高；MGWR 模型中半径 1100m 和 1300m 的 R^2 和 R^2_{Adj} 均为最高，半径 1100m 的 $AICc$ 和 RSS 最低，不同回归模型获得的结果不同。

6.2.5　最佳分析范围半径

以早晚高峰的进出站客流为因变量，不同范围内建成环境为自变量获得的回归模型结果可以看出：

在相同的轨道站点研究范围之内，MGWR 模型的拟合优度均优于 OLS 模型和 GWR 模型，且拟合效果提升明显，说明 MGWR 模型精度有显著提升；早高峰进站客流所获得的模型拟合结果与晚高峰出站客流所获得的模型拟合结果相似，MGWR 模型虽提高了模型精度，但其模型解释程度仍处于较低状态，其中早高峰进站客流所

晚高峰进站不同分析范围下回归模型结果

表6-5

模型及拟合优度指标		半径（m）500	600	700	800	900	1000	1100	1200	1300	1400	1500
OLS	R	0.62	0.68	0.68	0.75	0.68	0.74	0.68	0.70	0.69	0.66	0.69
	A	0.60	0.66	0.66	0.74	0.66	0.73	0.65	0.68	0.66	0.63	0.67
	C	575	531	530	458	532	470	536	516	528	551	524
	S	109	91	91	71	91	74	93	87	90	98	88
GWR	R	0.64	0.71	0.71	0.78	0.71	0.80	0.72	0.77	0.76	0.69	0.74
	A	0.61	0.68	0.68	0.75	0.67	0.76	0.68	0.73	0.71	0.65	0.70
	C	582	529	524	452	537	468	531	508	521	549	521
	S	102	83	82	64	84	57	80	66	68	258	75
MGWR	R	0.79	0.85	0.84	0.85	0.78	0.89	0.82	0.85	0.83	0.73	0.79
	A	0.73	0.80	0.79	0.81	0.73	0.85	0.79	0.80	0.78	0.68	0.79
	C	513	465	466	404	506	382	464	464	427	542	470
	S	62	42	45	45	64	31	48	45	50	77	46

注：R表示R^2，A表示R^2_{Adj}，C表示AICc，S表示RSS。

晚高峰出站不同分析范围下回归模型结果

表6-6

模型及拟合优度指标		半径（m） 500	600	700	800	900	1000	1100	1200	1300	1400	1500
OLS	R	0.27	0.25	0.26	0.31	0.28	0.29	0.23	0.29	0.25	0.27	0.29
	A	0.23	0.20	0.21	0.27	0.23	0.24	0.18	0.24	0.20	0.22	0.24
	C	763	776	772	750	767	763	784	761	777	769	762
	S	210	214	212	197	208	205	220	203	215	209	203
GWR	R	0.33	0.32	0.36	0.45	0.37	0.42	0.39	0.46	0.40	0.44	0.46
	A	0.26	0.24	0.28	0.38	0.29	0.33	0.28	0.36	0.29	0.34	0.36
	C	762	771	762	718	757	751	783	748	779	756	753
	S	191	195	183	157	182	166	175	156	172	161	154
MGWR	R	0.51	0.58	0.59	0.49	0.40	0.56	0.65	0.55	0.65	0.52	0.51
	A	0.40	0.46	0.48	0.42	0.31	0.45	0.54	0.45	0.54	0.43	0.50
	C	733	723	712	705	755	710	692	709	695	717	702
	S	142	122	117	147	174	133	100	130	102	137	102

注：R表示R^2，A表示R^2_{Adj}，C表示$AICc$，S表示RSS。

获得的模型 R^2 不超过 0.72，晚高峰出站客流所获得的模型 R^2 不超过 0.65，说明对晚高峰出站客流建立回归模型的拟合效果较差，其原因可能是北京有部分选用轨道交通通勤的乘客，出发地不一定位于站点研究范围内，同样对于晚高峰时段的出站客流影响因素较多，随机性较强；早高峰出站客流所获得的模型拟合结果与晚高峰进站客流所获得的模型拟合结果相似，模型解释程度较高，模型 R^2 均达到 0.89 以上，说明对早高峰出站客流和晚高峰进站客流建立回归模型的拟合效果较好，模型结果更准确。

由于 MGWR 模型的拟合优度高于 GWR 模型和 OLS 模型，因此根据 MGWR 模型结果获取最佳分析范围半径。各时段轨道站点不同分析范围半径下的 MGWR 模型 R^2、R^2_{Adj}、$AICc$、RSS 结果如图 6-1 所示，最佳分析范围半径选取 R^2、R^2_{Adj} 结果最高，同时 $AICc$、RSS 结果最低对应的范围半径值。从结果可知早高峰进站客流和晚高峰出站客流具有相似结果，其最佳建成环境分析范围均为半径 1100m 圆形缓冲区和泰森多边形相结合的泰森多边形叠加范围，早高峰出站客流和晚高峰进站客流具有相似结果，其最佳建成环境分析范围均为半径 1000m 圆形缓冲区和泰森多边形相结合的泰森多边形叠加范围，现有研究多采用 800m 为半径，该结果说明对于北京这样人口密集、城市覆盖面积大的超大城市，轨道交通辐射范围可能会更大。由于这两个分析

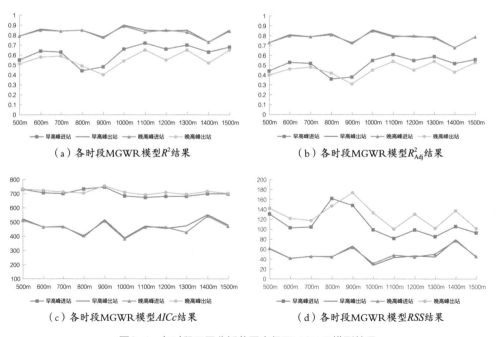

（a）各时段MGWR模型R^2结果　　　　（b）各时段MGWR模型R^2_{Adj}结果

（c）各时段MGWR模型$AICc$结果　　　　（d）各时段MGWR模型RSS结果

图6-1　各时段不同分析范围半径下MGWR模型结果

范围半径下自变量均不存在空间自相关，因此，该分析范围下的建成环境影响因素影响程度分析不再剔除体育休闲类和医疗保健类设施密度。

6.3　建成环境最佳分析范围下的MGWR模型结果

6.3.1　轨道站早高峰进站客流模型结果分析

1．建成环境显著影响因素

基于 MGWR 模型研究轨道交通车站客流与建成环境变量的关系，各自变量的局部回归系数表示该因子标准化自变量增加一个单位的标准差，则标准化因变量平均增加该系数倍的标准差。就回归结果而言，当估计参数为正值时，解释变量对出站客流的影响为正效应，建成环境越显著，车站出站量越大；反之亦然。估计参数的空间分布反映车站出站客流与建成环境的依赖关系的空间不平稳。

表 6-7 为半径 1100m 缓冲区与泰森多边形叠加范围得出的 MGWR 模型回归系数结果统计。可以看出，所有站点的早高峰进站量均受到办公类设施密度、人口密度和停车场数量的影响；影响轨道站点比例大于 50% 的影响因素为公交线路密度；影响轨道站点比例在 15%～50% 的影响因素包括居住类、风景名胜类设施密度、道路密度和轨道站点出入口数量。影响轨道站点比例小于 15% 的影响因素包括是否为换乘站和轨道线路密度。

对于某一影响因素，局部系数的不同体现了该因素对轨道站点客流影响程度的空间异质性。局部系数的绝对值表示影响程度大小，绝对值越大则影响程度越大，绝对值越小则影响程度越小。图 6-2 为显著影响的轨道站点比例大于 15% 的建成环境影响因素局部系数分布图，为清晰体现各类建成环境影响因素对不同轨道站点的影响系数大小，采用点的大小和颜色来表示，轨道站点越大代表其早高峰进站客流被影响的程度越大，点越小代表其早高峰进站客流被影响的程度越小，深绿色代表其早高峰进站客流受到建成环境影响因素的正向影响，浅绿色代表站点客流受到建成环境影响因素的负向影响。

（1）密度

密度维度中，办公类设施密度对所有轨道站点的早高峰进站客流均有显著影响，风景名胜和居住类设施密度对部分站点的早高峰进站客流有显著影响。其中，办公类

早高峰进站客流MGWR模型影响因素的局部回归系数结果统计   表6-7

建成环境维度	影响因素	中位数	最小值	最大值	显著站点所占百分比
	常数项	−0.213	−0.845	0.864	—
密度	居住类设施密度	0.229	0.001	2.127	16%
	办公类设施密度	−0.252	−0.254	−0.247	100%
	商业类设施密度	−0.030	−0.034	−0.023	—
	风景名胜类设施密度	−0.292	−1.979	0.335	21%
	科教文化类设施密度	−0.080	−0.082	−0.075	—
	体育休闲类设施密度	−0.044	−0.050	−0.038	—
	医疗服务类设施密度	0.022	0.019	0.031	—
	建筑密度	0.137	0.127	0.157	—
多样性	土地利用混合度	0.023	0.009	0.035	—
设计	容积率	0.030	0.021	0.051	—
	道路密度	0.045	−0.418	0.525	25%
目的地可达性	轨道站点出入口数量	0.114	−0.377	0.659	24%
	停车场数量	0.191	0.185	0.200	100%
交通距离	轨道线路密度	0.223	0.123	0.363	8%
	公交线路密度	0.286	0.141	0.367	90%
需求管理	停车场平均收费	0.053	0.046	0.074	—
人口统计	人口密度	0.178	0.165	0.184	100%
站点属性	轨道站是否为换乘站	0.062	−0.267	0.531	11%

注：显著站点所占百分比表示在95%置信水平上根据调整后的t值显著受影响的轨道站点占全部轨道站点的百分比。

设施密度（图6-2a）对于所有轨道站点的早高峰进站客流量均为负向影响，且对不同轨道站点的影响程度差距仅在0.001范围之内，说明办公类设施对于各轨道站点的早高峰进站客流影响程度相当。由于办公类设施在早高峰时段多为出行目的地，在一定的轨道站点研究范围内，办公设施数量越多，其他类设施占比越少，因此该因素对于进站量并没有积极影响。风景名胜类设施（图6-2b）对部分轨道站点的早高峰进站量为负影响，其中在北京地铁5号线、8号线北端，9号线和八通线东段沿线站点影响程度相对较大，回归系数从−0.22～−1.44，影响程度差别非常大，由于北京大多风景名胜设施占地面积较大，若轨道站点周边有风景名胜设施，其早高峰进站量必然会更小。居住类设施（图6-2c）对部分轨道站点的早高峰进站量为正影响，且回归系数处于 0.23 ~ 1.27 之间，说明不同轨道站点受到的影响程度差别很大，该因素显著影响的站点数量较少，这与日常实际情况有所差异，产生这一结果可能是由于北京部分小区面积较大，居住类 POI 设施点识别在小区中心位置或某出入口，与轨道站点距离较远，因此未计入轨道站点建成环境研究范围内，导致模型误差，说明居住区 POI 设施点密度不能很好反映轨道站点的居住密集程度，因此在后续相关研究中应优化该指标，可采用街道人口或小区户数统计来代替。

（2）目的地可达性

在目的地可达性维度中，停车场数量对所有轨道站点的早高峰进站客流均有显著影响，轨道站点出入口数量对近四分之一站点有显著性影响。其中，停车场数量（图 6-2d）对所有轨道站点的早高峰进站客流的影响为正，且回归系数处于 0.18 ~ 0.20 之间，对各站点的影响程度差距较小，对城区西部区域的影响程度普遍大于东部区域。轨道站点出入口数量（图 6-2e）对城市南部轨道站点影响为正，对北部区域轨道站点影响为负，其中在南三环与东三环交叉口附近轨道站点的影响程度较大，包括成寿寺、分钟寺、宋家庄、肖村等。影响程度大的轨道站点多数集中在亦庄线、10 号线上，负向影响的站点主要集中在 8 号线、5 号线北段末端。

（3）设计

道路密度（图 6-2f）对轨道站点的早高峰进站客流的影响主要集中在昌平线北段以及国贸区域，回归系数位于 0 ~ 0.53，且影响为正，说明在该区域内道路密度越高，到达轨道站点越便利，可能会带来更多的乘客；而在 8 号线和八通线东端区域，其影响为负向，回归系数大于 -0.42，影响差距较大，在该区域依靠增加道路密度并不会有效地带来早高峰客流的增长。

（4）交通距离

公交线路密度对多数轨道站点的早高峰进站客流有显著性影响，轨道线路密度对部分轨道站点的早高峰进站客流有显著影响。公交线路密度（图 6-2g）对大部分轨道站点的早高峰进站客流有正向影响，且回归系数位于 0.16 ~ 0.37，影响程度差距较小，对北京地铁 9 号线、八通线东段以及房山线南段没有显著性影响，对四环内城区东部区域、北京地铁 16 号线西北段和昌平北段轨道站点客流的影响程度较高，说明这些区域中提高公交线路密度可能会促进早高峰进站客流的产生，该影响因素对北京地铁大兴线南段和 15 号线北段站点的影响程度较低。轨道线路密度只对位于昌平线北段和亦庄线南段的部分轨道站点早高峰进站客流正向影响，回归系数位于 0.29 ~ 0.53 区间，进一步说明该区域增加轨道线路有利于吸引人流。

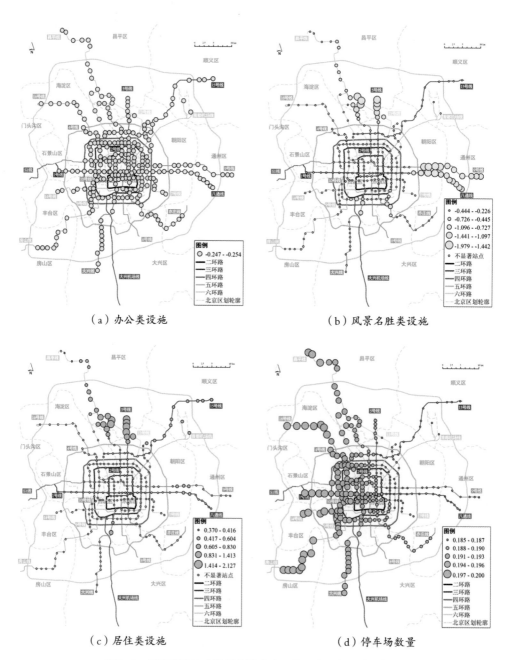

（a）办公类设施

（b）风景名胜类设施

（c）居住类设施

（d）停车场数量

图6-2　早高峰进站客流显著性建成环境影响因素系数分布图

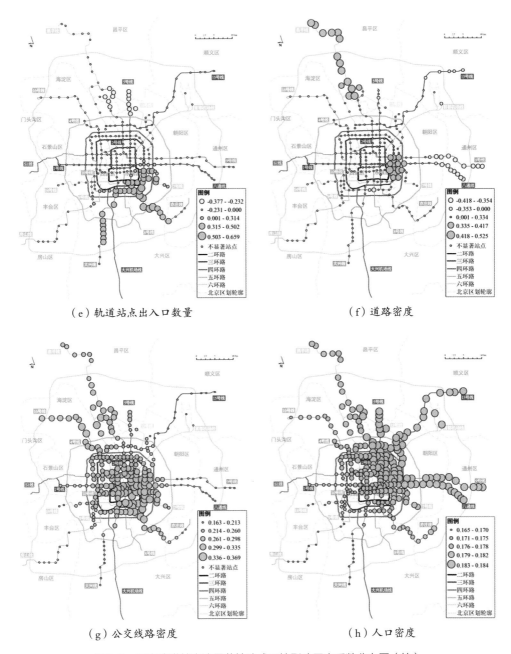

（e）轨道站点出入口数量　　　　　　　　（f）道路密度

（g）公交线路密度　　　　　　　　　（h）人口密度

图6-2　早高峰进站客流显著性建成环境影响因素系数分布图（续）

（5）人口统计

在人口统计维度中，人口密度（图 6-2h）对所有轨道站点的早高峰进站客流均有显著正向影响，即人口密度越大，轨道站点的进站客流量越大，符合实际情况，其回归系数位于 0.16 ~ 0.18 区间，影响差距较小，通过与居住类设施密度相比，说明该指标更能体现轨道站点周边的居住人口，因此建议在相关研究中重点研究该指标。

（6）站点属性

在站点属性维度中，是否为换乘站对各轨道站点的早高峰进站客流有显著性影响站点较少，包括部分换乘站及周边站点，主要集中在北京地铁昌平线北段，与轨道线路的线路密度影响站点类似，进一步说明若在该区域增加轨道线路，更有利于增加该区域人流。

2. 建成环境模型带宽分析

Fotheringham 等人 [73, 74] 采用后退拟合算法对 MGWR 的自变量带宽进行优化，体现了各自变量的影响尺度差异，提高了模型精度。多尺度指的是估计统计量的空间数据范围。轨道站点进站客流量模型最优带宽表示各影响因素局部系数估计时所需周围轨道站点的数量。轨道站点总数为 287 个，最优带宽接近该数量时，局部系数求解时受大部分站点影响，该影响因素为全局尺度变量；最优带宽越小，表明空间影响尺度越小，局部系数求解时受附近站点影响更大，则该因素为局部尺度变量。早高峰进站客流 GWR 模型推算的固定带宽结果为 156。表 6-8 列出了 MGWR 模型各影响因素的最优带宽。

密度维度中，大部分影响因素带宽达到 286，具有全局作用尺度，包括办公类、商业类、科教文化类、体育休闲类、医疗服务类设施密度以及建筑密度，表明这些影响因素对于早高峰进站客流在空间影响上较为平稳；居住类和风景名胜类设施作用尺度为 43，相对较小，表明这些影响因素对于早高峰进站客流在空间影响的空间异质性变化较快，只受到周边局部范围的影响。

多样性维度中，土地利用混合程度带宽为 286，具有全局作用的尺度，表明该影响因素对于早高峰进站客流在空间影响上较为平稳。

设计维度中，容积率带宽为 286，具有全局作用的尺度，对于早高峰进站客流在空间影响上较为平稳；道路密度带宽为 43，属于局部作用尺度，其对不同位置的早高峰进站客流空间异质性变化较快。

目的地可达性维度中，停车场数量具有全局尺度，轨道站点出入口数量尺度为

早高峰进站客流建成环境影响因素带宽结果　　表6-8

建成环境维度	影响因素	GWR模型带宽	MGWR模型带宽
	常数项	156	43
密度	居住类设施密度	156	43
	办公类设施密度	156	286
	商业类设施密度	156	286
	风景名胜类设施密度	156	43
	科教文化类设施密度	156	286
	体育休闲类设施密度	156	286
	医疗服务类设施密度	156	286
	建筑密度	156	286
多样性	土地利用混合度	156	286
设计	容积率	156	286
	道路密度	156	43
目的地可达性	轨道站点出入口数量	156	58
	停车场数量	156	286
交通距离	轨道线路密度	156	136
	公交线路密度	156	286
需求管理	停车场平均收费	156	286
人口统计	人口密度	156	286
站点属性	轨道站是否为换乘站	156	103

43，具有局部尺度。

交通距离维度中，公交线路密度和停车场数量的带宽为286，具有全局作用的尺度，表明该影响因素对于早高峰进站客流在空间影响上较为平稳；轨道线路密度的带宽为136，属于中等尺度，其空间异质性变化相对较快。

需求管理和人口统计维度中，停车场平均收费、人口密度的带宽均为286，均属于全局作用尺度，说明这些影响因素对于早高峰进站客流影响的空间异质性相对平稳。

站点属性维度中，轨道站点是否为换乘站的带宽为103，属于中等尺度，说明该影响因素对于早高峰进站客流影响的空间异质性变化相对较快。

6.3.2 轨道站早高峰出站客流模型结果分析

1. 建成环境显著影响因素

表 6-9 为半径 1000m 缓冲区与泰森多边形叠加范围得出的早高峰出站客流 MGWR 模型回归系数结果统计。可以看出，所有站点的早高峰出站量均受到办公类设施密度、科教文化类设施密度、体育休闲类设施密度、医疗服务类设施密度、建筑密度和容积率的影响；影响轨道站点比例大于 50% 的影响因素包括停车场数量；影响轨道站点比例小于 20% 的影响因素包括停车收费标准。影响轨道站点比例大于 20% 小于 50% 的影响因素包括土地利用混合度和人口密度。

早高峰出站客流MGWR模型影响因素的局部回归系数结果统计   表6-9

建成环境维度	影响因素	中位数	最小值	最大值	显著站点所占百分比
	常数项	−0.058	−0.365	0.204	37%
密度	居住类设施密度	0.054	0.047	0.060	—
	办公类设施密度	0.629	0.622	0.634	100%
	商业类设施密度	0.041	0.022	0.046	—
	风景名胜类设施密度	0.025	0.024	0.028	—
	科教文化类设施密度	−0.207	−0.273	−0.149	100%
	体育休闲类设施密度	−0.198	−0.211	−0.194	100%
	医疗服务类设施密度	−0.208	−0.223	−0.203	100%
	建筑密度	−0.273	−0.285	−0.256	100%
多样性	土地利用混合度	−0.028	−0.893	1.041	31%
设计	容积率	0.224	0.217	0.230	100%
	道路密度	0.007	0.004	0.010	—
目的地可达性	轨道站点出入口数量	0.057	0.048	0.057	—
	停车场数量	0.195	−0.045	0.434	64%
交通距离	轨道线路密度	0.078	0.032	0.123	—
	公交线路密度	0.000	−0.013	0.005	—
需求管理	停车场平均收费	0.033	−0.224	0.260	19%
人口统计	人口密度	0.135	−0.263	0.714	35%
站点属性	轨道站是否为换乘站	0.092	0.084	0.100	—

注：显著站点所占百分比表示在95%置信水平上根据调整后的t值显著受影响的轨道站点占全部轨道站点的百分比。

图6-3为显著影响的轨道站点比例大于15%的建成环境因素局部系数分布图。对于某一影响因素，局部系数的不同体现了该因素对轨道站点出站量影响程度的空间异质性。可以看出：

（1）密度

在密度维度中，办公类、体育休闲类、医疗服务类设施密度和建筑密度对所有轨道站点早高峰出站客流都有显著性影响。其中，办公类设施（图6-3a）对所有轨道站点均为正向影响，因为早高峰出站客流的目的地最多集中在办公区域，影响程度回归系数均高于0.6，普遍较高。其中在二环内东南部国贸附近、六里桥附近以及四环外西南部影响程度最大，西单、东单、西直门区域的影响程度最小，形成东部南部程度较大，西北部影响程度次之，中部最小的空间分布特征。科教文化类设施（图6-3b）对所有轨道站点早高峰出站客流均为负向影响，其影响程度形成从西北到东南逐步递减的空间分布特征，回归系数位于 –0.27 ~ –0.14 区间，差距较小。科教文化类设施中小学、中学、高中到校时间与早高峰通勤时间不完全重合，其次，科教文化类设施中包含高等院校，北京高校聚集，尤其在城区东北区域内，在早高峰时段不会产生大量的通勤客流，且高校占地面积大，许多与轨道站点距离较近，可能导致轨道站点研究范围内其他办公类设施比例的减少，因此对早高峰出站客流产生负影响。

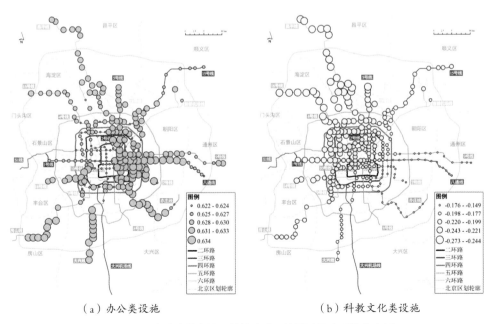

（a）办公类设施　　　　　　　　　　（b）科教文化类设施

图6-3　早高峰出站客流显著性建成环境影响因素系数分布图

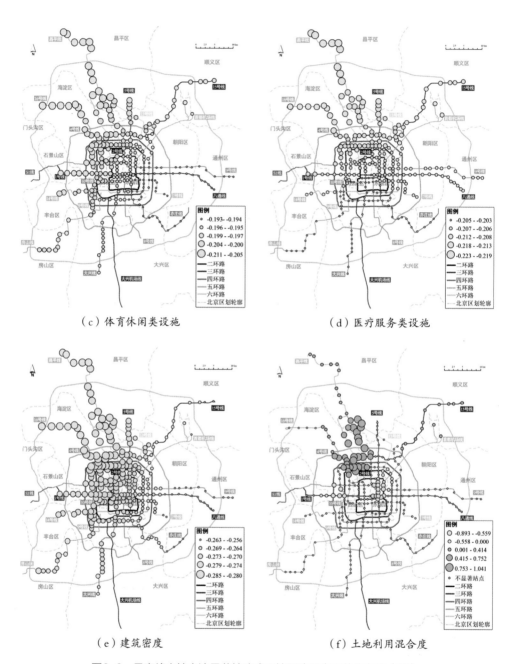

（c）体育休闲类设施　　　　　　　　　　（d）医疗服务类设施

（e）建筑密度　　　　　　　　　　　　　（f）土地利用混合度

图6-3　早高峰出站客流显著性建成环境影响因素系数分布图（续）

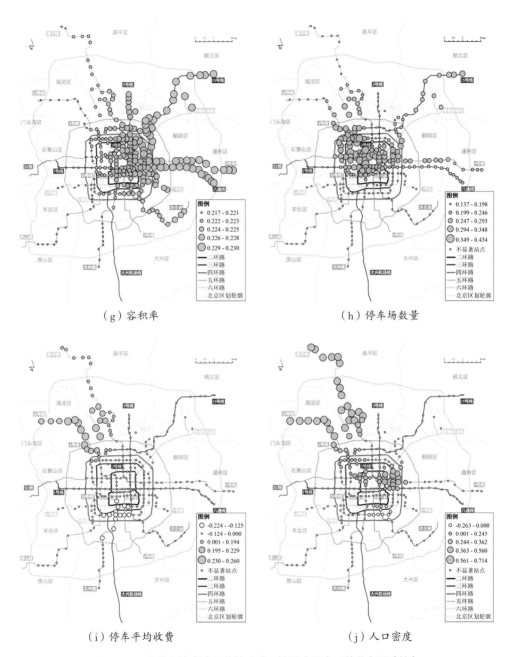

（g）容积率　　　　　　　　　　　　　（h）停车场数量

（i）停车平均收费　　　　　　　　　　（j）人口密度

图6-3　早高峰出站客流显著性建成环境影响因素系数分布图（续）

体育休闲类设施（图6-3c）对所有轨道站点早高峰出站客流均为负向影响，与科教文化设施相似，其影响程度形成从西北到东南逐步递减的空间分布特征，回归系数均位于0.2上下，程度差距较小。早高峰出行大多以工作为出行目的，居民通常在周末选择体育休闲设施，工作日可能会在早高峰前或者晚高峰后使用体育休闲类设施，因此该设施对早高峰出站客流没有积极影响，另外在有限的分析范围内此类设施密度越高，办公类设施密度将越低，所以体育休闲类设施密度越高可能导致出站量相对低的结果。医疗服务类设施（图6-3d）对所有轨道站点早高峰出站客流同样为负向影响，整体形成北部向南部影响程度逐渐减弱的空间特征，其影响系数位于0.2~0.22之间，影响程度差距较小。在有限的分析范围内医疗服务设施密度高会削弱办公类设施的密度，同时，居民到达医疗类设施采用的交通方式不一定以轨道交通为主，到达社区医院可能采取步行方式，到达综合医院可能选择乘坐出租车或者驾车，到达医疗设施的时间也不会过度集中在早高峰时期。建筑密度（图6-3e）对所有轨道站点早高峰出站客流均呈现负影响，形成西北到东南影响程度逐渐减弱的空间分布特征，但总体回归系数的差距较小。形成特征的主要原因是核心区和西北部地区轨道站点周围多为高层或超高层建筑，具有建筑密度低、容积率高和就业岗位高的特点，轨道站点出站量相对较高；而东部和南部地区以居住建筑为主，建筑密度高，就业岗位相对少，导致出站量相对较低。

（2）多样性

在多样性维度中，土地利用混合度（图6-3f）对约三分之一的轨道站点的早高峰出站客流有显著性影响，且在北三环北部影响程度为正，北三环南部影响程度为负。其中，在海淀区东南部中关村附近、8号线北段沿线轨道站点对早高峰出站量呈正向影响，且影响程度较大。主要是因为这些轨道站点以高新技术服务业为主，周围土地利用混合度较低，如增加商业、公共服务设施等用地来提高土地利用混合度，将增加出站量；而在朝阳区西部，即2号线、10号线东段、14号线东北段沿线轨道站点，土地利用混合度对早高峰出站量呈负向影响，且影响程度较大，主要是这些轨道站点周围多为CBD商务区和使馆区，就业密度高，在有限的空间内提高土地利用混合度，增加其他用地规模将会减少高就业密度用地，可能会降低轨道站点出站量。

（3）建筑设计

在建筑设计维度中，容积率（图6-3g）对所有轨道站点的早高峰出站客流均有显著正向影响，呈现越靠近东部地区，即朝阳区和通州区。影响程度越大的空间分布特征，回归系数位于0.21~0.23之间，差距较小；容积率高的地区可能为高层办公或者高层住宅小区，说明在东部地区提高容积率，可能会进一步吸引早高峰人流。

（4）目的地可达性

在目的地可达性维度中，停车场数量（图 6-3h）对早高峰出站客流有显著性正向影响，其显著影响站点均分布在南二环北部，影响程度形成中部高外围低的空间分布特征，回归系数位于 0.13～0.44 区间，差距较大。其中回归系数最大的轨道站点主要集中于二环三环西北角，即西直门周边区域，该区域内有北京交通大学、北京理工大学等高校，还有北京动物园这样的旅游景区，因此该区域处于停车场数量较多、客流也较大的情况。

（5）需求管理

在需求管理维度中，只有部分站点的早高峰出站客流受到停车平均费用（图 6-3i）的显著影响，但其影响方向和影响程度均差距较大，对海淀区和昌平区内的轨道站点为正影响，且影响程度普遍较大，对丰台区内的轨道站点为负影响，影响程度普遍较小；一般情况目的地周边的停车费用越高，居民更容易选取公共交通作为出行方式，公共交通的出站客流会越大，因此多数轨道站点早高峰出站客流受到停车费用的正向影响，而丰台区内显著性影响站点集中在角门西站点周围，该片区居住小区较为密集，停车位多是小区内部，平均费用数据偏低，同时早高峰该地区的出站量较小，可能导致出现负向影响。

（6）人口统计

在人口统计维度中，人口密度（图 6-3j）对超过三分之一的轨道站点的早高峰出站客流有显著性影响，多数为正向影响，形成西北高中部低的影响程度空间分布特征，其中对西北部的北京地铁昌平线、16 号线北段沿线轨道站点以及 2 号线、10 号线位于朝阳区西部段沿线、14 号线东段沿线轨道站点早高峰出站量呈正向影响，回归系数位于 0～0.72 区间，影响程度差距较大，这些站点均具有较高的就业人口密度；而在丰台区东部 4 号线大兴线、2 号线、8 号线南段和 7 号线沿线轨道站点周边人口密度对早高峰出站量呈负相影响，回归系数位于 0～-0.26 区间内，影响程度相对较小，该类站点主要位于南部地区，该地区居住人口密度较高、而就业岗位密度低，导致早高峰出站量相对较少。

2．建成环境模型带宽分析

早高峰出站客流 GWR 模型推算的固定带宽结果为 221。表 6-10 列出了早高峰出站客流 MGWR 模型各影响因素的最优带宽。

早高峰出站客流建成环境影响因素带宽结果   表6-10

建成环境维度	影响因素	GWR模型带宽	MGWR模型带宽
	常数项	221	56
密度	居住类设施密度	221	286
	办公类设施密度	221	286
	商业类设施密度	221	286
	风景名胜类设施密度	221	286
	科教文化类设施密度	221	231
	体育休闲类设施密度	221	157
	医疗服务类设施密度	221	286
	建筑密度	221	286
多样性	土地利用混合度	221	43
设计	容积率	221	286
	道路密度	221	286
目的地可达性	轨道站点出入口数量	221	286
	停车场数量	221	64
交通距离	轨道线路密度	221	201
	公交线路密度	221	286
需求管理	停车场平均收费	221	71
人口统计	人口密度	221	43
站点属性	轨道站是否为换乘站	221	283

密度维度中，几乎所有影响因素带宽达到286，具有全局作用尺度，包括居住类、办公类、风景类、商业类、医疗服务类设施密度以及建筑密度，表明这些影响因素对于早高峰出站客流空间上的影响较为平稳；科教文化类设施密度带宽为231，较为接近全局尺度；体育休闲类设施密度带宽为157，属于中等尺度，表明该影响因素对于早高峰出站客流在空间影响的空间异质性变化较快。

多样性维度中，土地利用混合程度带宽为43，属于局部尺度，表明该影响因素对于早高峰出站客流在空间影响变化较快，每个轨道站点样本只参考部分较近轨道站点的空间数据计算回归系数。

设计维度中，容积率和道路密度带宽均为286，具有全局作用的尺度，表明这些影响因素对于早高峰出站客流在空间影响上均较为平稳。

目的地可达性维度中，轨道站点出入口数量的带宽为 286，具有全局作用的尺度，在空间影响上较为平稳；停车场数量带宽为 64，属于局部作用尺度，表明停车场数量对不同位置的早高峰出站客流空间异质性变化较快，异质性较为凸显。

交通距离维度中，公交线路密度的带宽为 286，具有近似全局作用的尺度，在空间影响上较为平稳；轨道线路密度的带宽为 201，属于中等尺度，其空间异质性变化相对平稳。

需求管理和人口统计维度中，停车场平均收费和人口密度的带宽分别为 71、43，均属于局部作用尺度，说明这些影响因素对于早高峰出站客流影响的空间异质性变化较快，受所处位置的影响较敏感。

站点属性维度中，轨道站点是否为换乘站的带宽为 283，接近全局作用尺度，说明该影响因素对于早高峰出站客流影响的空间异质性相对平稳。

6.3.3　轨道站晚高峰进站客流模型结果分析

1．建成环境显著影响因素

表 6-11 为半径 1000m 缓冲区与泰森多边形叠加范围得出的 MGWR 模型回归系数结果统计。可以看出，所有站点的晚高峰进站量均受到办公类、科教文化类、体育休闲类、医疗服务类设施密度、建筑密度和容积率的影响；影响轨道站点比例大于 50% 的影响因素包括停车场数量；影响轨道站点比例大于 15% 小于 50% 的影响因素包括土地利用混合度、人口密度和站点是否为换乘站。

图 6-4 为显著影响的轨道站点比例大于 15% 的建成环境因素局部系数分布图。对于某一影响因素，局部系数的不同体现了该因素对轨道站点出站量影响程度的空间异质性。可以看出：

（1）密度

密度维度中，有显著性影响的建成环境因素均作用于所有站点。其中，办公类设施（图 6-4a）对所有轨道站点均为正向影响，影响程度回归系数均高于 0.56，影响程度普遍较高，因为晚高峰进站客流的目的地最多集中在办公区域，其中在二环内东南部国贸附近、六里桥附近以及四环外西南部影响程度最大，西单、东单、西直门区域的影响程度最小，形成东部南部程度较大，西北部影响程度次之，中部最小的空间分布特征，与早高峰出站客流的影响特征高度相似。科教文化类设施（图 6-4b）对所有轨道站点早高峰出站客流均为负向影响，其影响程度形成从西北到东南逐步递减

晚高峰进站MGWR模型影响因素的局部回归系数结果统计   表6-11

建成环境维度	影响因素	中位数	最小值	最大值	显著站点所占百分比
	常数项	−0.046	−0.330	0.219	39%
密度	居住类设施密度	0.078	0.075	0.082	—
	办公类设施密度	0.572	0.565	0.577	100%
	商业类设施密度	0.048	0.031	0.052	—
	风景名胜类设施密度	0.005	0.003	0.008	—
	科教文化类设施密度	−0.162	−0.200	−0.130	100%
	体育休闲类设施密度	−0.165	−0.177	−0.161	100%
	医疗服务类设施密度	−0.255	−0.272	−0.249	100%
	建筑密度	−0.246	−0.252	−0.233	100%
多样性	土地利用混合度	−0.062	−0.910	0.960	30%
设计	容积率	0.185	0.179	0.190	100%
	道路密度	0.001	0.000	0.003	—
目的地可达性	轨道站点出入口数量	0.092	0.085	0.102	—
	停车场数量	0.212	−0.035	0.453	66%
交通距离	轨道线路密度	0.092	0.042	0.128	—
	公交线路密度	−0.004	−0.017	0.002	—
需求管理	停车场平均收费	−0.004	−0.048	0.060	—
人口统计	人口密度	0.147	−0.258	0.709	34%
站点属性	轨道站点是否为换乘站	0.108	0.065	0.134	28%

注: 显著站点所占百分比表示在95%置信水平上根据调整后的t值显著受影响的轨道站点占全部轨道站点的百分比。

的空间分布特征, 与早高峰出站客流所获得的影响系数空间分布特征一致, 回归系数位于 −0.20 ~ −0.13 区间, 差距较小。体育休闲类设施 (图 6-4c) 对所有轨道站点晚高峰进站客流均为负向影响, 其影响程度形成从西北到东南逐步递减的空间分布特征, 回归系数均位于 −0.16 ~ −0.17 之间, 影响程度差距较小。晚高峰进站客流大多来自于办公地点, 体育休闲设施可能作为晚高峰出行的目的地, 因此该设施对晚高峰进站客流没有积极影响, 另外在有限的分析范围内此类设施密度越高, 办公类设施密度将越低, 所以体育休闲类设施密度越高可能导致进站量相对低的结果。医疗服务类设施 (图 6-4d) 对所有轨道站点晚高峰进站客流同样为负向影响, 整体形成北部到南部影响程度逐渐减弱的空间特征, 其影响系数位于 −0.25 ~ −0.27 之间, 影响程度

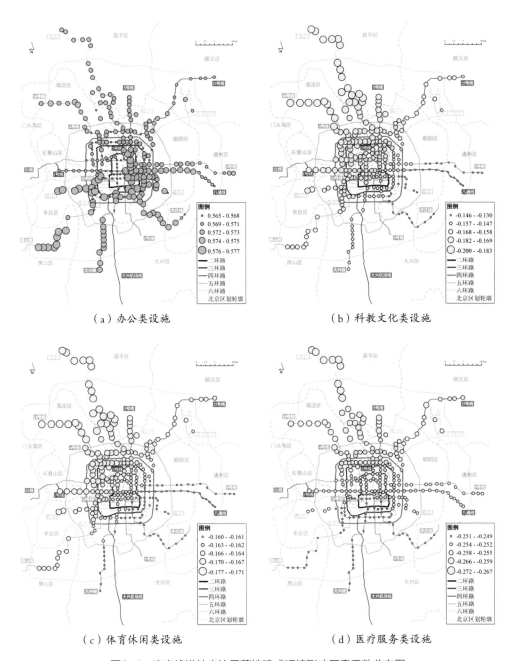

（a）办公类设施　　　　　　　　　　　（b）科教文化类设施

（c）体育休闲类设施　　　　　　　　　（d）医疗服务类设施

图6-4　晚高峰进站客流显著性建成环境影响因素系数分布图

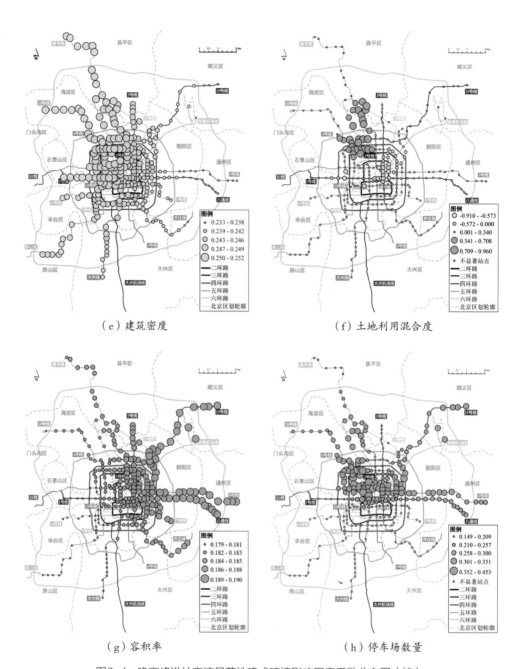

（e）建筑密度　　　　　　　　　（f）土地利用混合度

（g）容积率　　　　　　　　　　（h）停车场数量

图6-4　晚高峰进站客流显著性建成环境影响因素系数分布图（续）

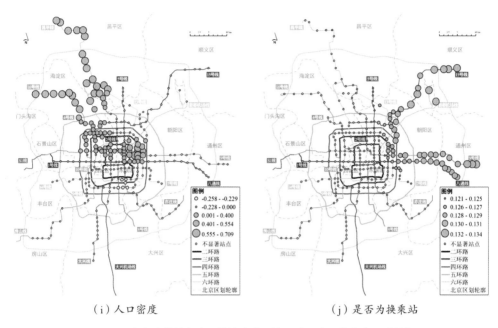

（i）人口密度　　　　　　　　　　　（j）是否为换乘站

图6-4　晚高峰进站客流显著性建成环境影响因素系数分布图（续）

差距小。在有限的分析范围内医疗服务设施密度高会削弱办公类设施的密度，同时，居民从医疗类设施离开的时间并不会集中在晚高峰时段。建筑密度（图6-4e）对所有轨道站点晚高峰进站客流均呈现负影响，形成西北到东南影响程度逐渐减弱的空间分布特征，但回归系数位于–0.23～–0.25，总体差距小。形成特征的主要原因是核心区和西北部地区轨道站点周围多为高层或超高层建筑，具有建筑密度低、容积率高和就业岗位多的特点，晚高峰时段的进站量相对较高；而东部和南部地区以居住建筑为主，建筑密度高，就业岗位相对少，导致晚高峰进站量相对较低。

（2）多样性

多样性维度中，土地利用混合度（图6-4f）对近三分之一的轨道站点的晚高峰进站客流有显著性影响，且在北三环西北部影响程度为正，回归系数位于0～0.96，北三环东南部影响程度为负，回归系数位于0～–0.91区间，影响程度的差距均较大。其中，在海淀区东南部中关村附近、8号线北段沿线轨道站点对晚高峰进站量呈正向影响，且影响程度较大。主要是因为这些轨道站点以高新技术服务业、高校为主，周围土地利用混合度较低。而在朝阳区西部，即2号线、10号线东段、14号线东北段沿线轨道站点，土地利用混合度对晚高峰进站量呈负向影响，且影响程度较大。主要是这些轨道站点周围就业密度高，在有限的空间内提高土地利用混合度，增加其他用地规模将会减少高就业密度用地，可能会降低轨道站点晚高峰出站量。

（3）设计

设计维度中，容积率（图6-4g）对商业轨道站点的晚高峰进站客流均有显著正向影响，呈现越靠近东部地区，即朝阳和通州区，影响程度越大的空间分布特征，回归系数位于0.18～0.19之间，影响差距小。容积率高的地区可能为高层办公或者高层住宅小区，说明在东部地区提高容积率，可能会进一步提升晚高峰进站量。

（4）目的地可达性

在目的地可达性维度中，停车场数量（图6-4h）对超半数轨道站点的晚高峰进站客流有显著性正向影响，其显著影响站点均分布在南二环北部，影响程度形成中部高外围低的空间分布特征，回归系数位于0.14～0.45区间，差距较大。其中回归系数最大的轨道站点主要集中于二环、三环西北角，即西直门周边区域和苏州街周边区域，该区域内有中国人民大学、北京交通大学、北京理工大学等高校，还有北京动物园、紫竹院公园等旅游景区，因此该区域处于停车场数量较多、客流也较大的情况。

（5）人口统计

人口统计维度中，人口密度（图6-4i）对三分之一的轨道站点的晚高峰进站客流有显著性影响，且大多数为正向影响，形成西北高中部低的影响程度空间分布特征，与对早高峰出站客流的影响程度分布特征相似，回归系数位于0～0.71区间，影响程度差距较大。其中对西北部的北京地铁昌平线、16号线北段沿线轨道站点以及10号线位于朝阳区西部段沿线、14号线东段沿线轨道站点晚高峰进站量影响程度最大，这些站点周边均具有较高的就业人口密度；而在丰台区东部4号线大兴段、2号线、8号线南段和7号线沿线轨道站点周边人口密度对晚高峰进站量呈负向影响，回归系数位于0～-0.26区间内，影响程度相对较小，该类站点主要位于南部地区，该地区居住人口密度较高、而就业岗位密度低，导致晚高峰进站量相对较少。

（6）站点属性

该维度中，站点是否为换乘站（图6-4j）对部分轨道站点的晚高峰进站客流有显著正向影响，回归系数位于0.12～0.13区间，整体影响程度差距较小，且影响相对较大轨道站位于北京地铁15号线、9号线、首都机场线和八通线东段沿线，这些站点中几乎都不属于换乘站，说明在该区域增加轨道线路，可能对晚高峰进站客流有积极影响。

2．建成环境模型带宽分析

晚高峰进站客流 GWR 模型推算的固定带宽结果为 221。表 6-12 列出了晚高峰进站客流 MGWR 模型各影响因素的最优带宽。

密度维度中，所有影响因素带宽达到 286，具有全局作用尺度，表明这些影响因素对于晚高峰进站客流空间上的影响较为平稳。

设施多样性维度中，土地利用混合程度带宽为 43，属于局部尺度，表明该影响因素对于晚高峰进站客流在空间影响变化较快，每个轨道站点样本只参考部分较近轨道站点的空间数据计算回归系数。

设计维度中，容积率和道路密度的带宽均为 286，具有全局作用的尺度，表明该

<table>
<tr><td colspan="2" align="center">晚高峰进站客流建成环境影响因素带宽结果</td><td colspan="2" align="right">表6-12</td></tr>
<tr><td>建成环境维度</td><td>影响因素</td><td>GWR模型带宽</td><td>MGWR模型带宽</td></tr>
<tr><td rowspan="8">密度</td><td>常数项</td><td>221</td><td>64</td></tr>
<tr><td>居住类设施密度</td><td>221</td><td>286</td></tr>
<tr><td>办公类设施密度</td><td>221</td><td>286</td></tr>
<tr><td>商业类设施密度</td><td>221</td><td>286</td></tr>
<tr><td>风景名胜类设施密度</td><td>221</td><td>286</td></tr>
<tr><td>科教文化类设施密度</td><td>221</td><td>286</td></tr>
<tr><td>体育休闲类设施密度</td><td>221</td><td>286</td></tr>
<tr><td>医疗服务类设施密度</td><td>221</td><td>286</td></tr>
<tr><td>建筑密度</td><td>建筑密度</td><td>221</td><td>286</td></tr>
<tr><td>多样性</td><td>土地利用混合度</td><td>221</td><td>43</td></tr>
<tr><td rowspan="2">设计</td><td>容积率</td><td>221</td><td>286</td></tr>
<tr><td>道路密度</td><td>221</td><td>286</td></tr>
<tr><td rowspan="2">目的地可达性</td><td>轨道站点出入口数量</td><td>221</td><td>286</td></tr>
<tr><td>停车场数量</td><td>221</td><td>64</td></tr>
<tr><td rowspan="2">交通距离</td><td>轨道线路密度</td><td>221</td><td>219</td></tr>
<tr><td>公交线路密度</td><td>221</td><td>286</td></tr>
<tr><td>需求管理</td><td>停车场平均收费</td><td>221</td><td>230</td></tr>
<tr><td>人口统计</td><td>人口密度</td><td>221</td><td>43</td></tr>
<tr><td>站点属性</td><td>轨道站是否为换乘站</td><td>221</td><td>223</td></tr>
</table>

影响因素对于晚高峰进站客流在空间影响上较为平稳。

目的地可达性维度中，轨道站点出入口数量带宽为286，具有全局尺度，空间影响较为平稳；停车场数量带宽为64，属于局部作用尺度，表明停车场数量对不同位置的晚高峰进站客流空间异质性变化较快，异质性较为凸显。

交通距离维度中，公交线路密度带宽为286，具有近似全局作用的尺度，在空间影响上较为平稳；轨道线路密度的带宽为219，属于中等尺度，其空间异质性变化相对平稳。

需求管理和站点属性维度中，停车场平均收费和轨道站点是否为换乘站的带宽分别为230、223，均属于中等作用尺度，说明这些影响因素对于晚高峰进站客流影响的空间异质性变化较为平稳。

人口统计维度中，人口密度的带宽为43，属于局部作用尺度，说明该影响因素对于晚高峰进站客流影响的空间异质性变化较快，受所处位置的影响较敏感。

6.3.4 轨道站晚高峰出站客流模型结果分析

1. 建成环境显著影响因素

表6-13为半径1100m缓冲区与泰森多边形叠加范围得出的MGWR模型回归系数结果统计。可以看出，所有站点的早高峰出站量均受到办公类设施密度、停车场数量和公交线路的影响；影响轨道站点比例大于50%的影响因素为人口密度和轨道交通出入口数量；影响轨道站点比例在15%～50%的影响因素包括居住类设施密度、道路密度、停车场平均收费和站点是否为换乘站。

图6-5为显著影响的轨道站点比例大于15%的建成环境因素局部系数分布图。可以看出：

（1）密度

密度维度中，办公类设施对所有轨道站点的晚高峰出站客流均有显著性影响，居住类设施对部分轨道站点的晚高峰出站客流有显著影响。其中，办公类设施密度（图6-5a）对于所有轨道站点的晚高峰出站量均有负向影响，且回归系数差距为0.005，影响程度差距很小；由于办公类设施在晚高峰时段多为行程出发地，在一定的轨道站点研究范围内，办公设施数量越多，其他类设施占比越少，因此该因素对于进站量的影响为负，与对早高峰进站客流影响一致。居住类设施（图6-5b）对部分轨道站点的晚高峰出站量为正影响，该结果与轨道站点早高峰出站客流所受的影响情

晚高峰出站客流MGWR模型影响因素的局部回归系数结果统计　　表6-13

建成环境维度	影响因素	中位数	最小值	最大值	显著站点所占百分比
	常数项	-0.161	-0.758	0.865	—
密度	居住类设施密度	0.205	0.001	1.802	15%
	办公类设施密度	-0.393	-0.394	-0.389	100%
	商业类设施密度	0.084	0.077	0.099	—
	风景名胜类设施密度	-0.058	-0.066	-0.050	—
	科教文化类设施密度	-0.068	-0.072	-0.064	—
	体育休闲类设施密度	0.045	-0.052	-0.033	—
	医疗服务类设施密度	-0.030	-0.033	-0.020	—
	建筑密度	0.111	0.101	0.125	—
多样性	土地利用混合度	-0.017	-0.036	-0.001	—
设计	容积率	0.135	0.127	0.157	—
	道路密度	0.056	-0.397	0.544	26%
目的地可达性	轨道站点出入口数量	0.152	0.013	0.269	59%
	停车场数量	0.225	0.221	0.234	100%
交通距离	轨道线路密度	0.175	0.072	0.243	—
	公交线路密度	0.057	-0.223	0.352	100%
需求管理	停车场平均收费	0.106	0.048	0.215	21%
人口统计	人口密度	0.138	0.123	0.154	95%
站点属性	是否为换乘站	0.189	0.170	0.206	—

注：显著站点所占百分比表示在95%置信水平上根据调整后的t值显著受影响的轨道站点占全部轨道站点的百分比。

况相似，回归系数位于0.37～1.82区间，说明不同位置的轨道站点受到居住影响差距非常大，即有些区域站点客流对该密度变化十分敏感，有些区域可能不显著。

（2）设计

该维度中，道路密度（图6-5c）显著影响的轨道站点较少，且影响差距较大，在昌平线北段以及国贸区域为正向影响，回归系数均小于0.54，在8号线和八通线东段区域为负向影响，回归系数均大于-0.40，影响程度空间分布特征与早高峰进站客流的影响相似。

（3）目的地可达性

在目的地可达性维度中，停车场数量对所有轨道站点的晚高峰出站客流均有

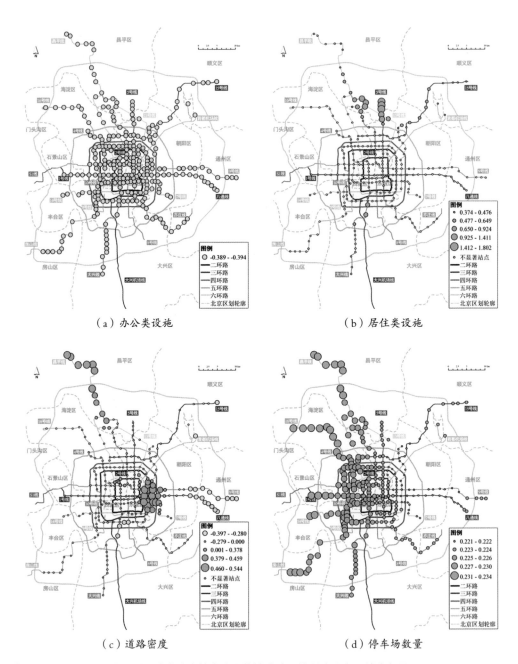

（a）办公类设施   （b）居住类设施

（c）道路密度   （d）停车场数量

图6-5   晚高峰出站客流显著性建成环境影响因素系数分布图

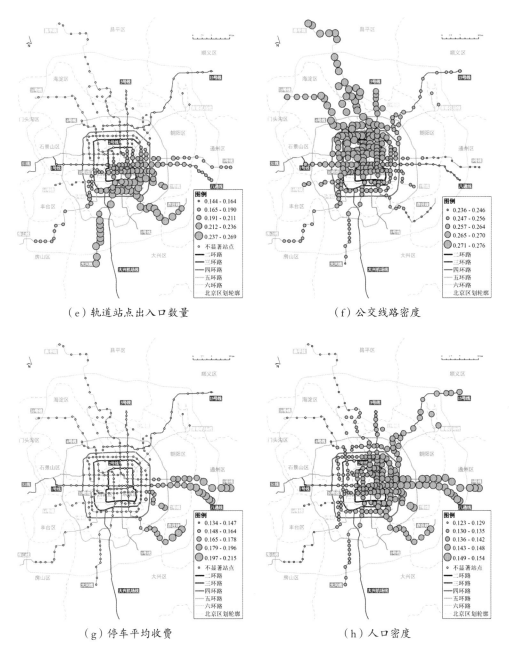

（e）轨道站点出入口数量　　　　　　　　（f）公交线路密度

（g）停车平均收费　　　　　　　　　　（h）人口密度

图6-5　晚高峰出站客流显著性建成环境影响因素系数分布图（续）

影响，轨道站点出入口数量对一半轨道站点有显著性影响。其中，停车场数量（图6-5d）对轨道站点的晚高峰出站客流的影响为正，回归系数位于0.22～0.23之间，说明其对所有站点的影响程度差距较小，但对城区西部区域的影响程度普遍大于东部区域。轨道站点出入口数量（图6-5e）对轨道站点晚高峰出站客流呈正影响，且呈现由东南到西北影响程度越来越小的空间布局特征，说明越靠近东南地区，越要增加轨道站点出站口数量，提高轨道站点与周边的连通性。

（4）交通距离

在交通距离维度中，公交线路密度（图6-5f）对所有轨道站点的晚高峰出站客流有正向影响，且回归系数位于0.24～0.28，影响程度差距相对较大，对四环内城区东北部区域、北京地铁16号线西北段和昌平线北段轨道站点客流的影响程度较高，对北京地铁八通线、9号线东段站点的影响程度较低。

（5）需求管理

在需求管理维度中，停车平均收费（图6-5g）对部分轨道站点的晚高峰出站客流有显著影响，回归系数位于0.13～0.22，主要影响在北京地铁9号线、八通线东段，亦庄线南段的轨道站点，均为正向影响，即停车所需费用越高，居民出行更容易选择公共交通，则客流量也会越大。

（6）人口统计

在人口统计维度中，人口密度（图6-5h）对大部分轨道站点的晚高峰出站客流均有显著正向影响，即人口密度越大，轨道站点的进站客流量越大，符合实际情况，回归系数位于0.12～0.15区间，影响程度空间分布特征与早高峰进站客流影响情况相似。

2. 建成环境模型带宽分析

晚高峰出站客流GWR模型推算的固定带宽结果为228。表6-14列出了MGWR模型各影响因素的最优带宽。

密度维度中，居住类设施密度带宽为43，属于局部作用尺度，表明该影响因素对于晚高峰出站客流在空间影响的空间异质性变化很快，每个轨道站点样本在计算回归系数时只受到部分较近轨道站点的空间数据影响；其他影响因素带宽均为286，具有全局作用尺度，表明这些影响因素对于晚高峰出站客流在空间影响上较为平稳。

多样性维度中，土地利用混合程度带宽为286，具有近似全局作用的尺度，表明该影响因素对于晚高峰出站客流在空间影响上较为平稳。

晚高峰出站客流建成环境影响因素带宽结果　　　　　　表6-14

建成环境维度	影响因素	GWR模型带宽	MGWR模型带宽
	常数项	228	43
设施密度	居住类设施密度	228	43
	办公类设施密度	228	286
	商业类设施密度	228	286
	风景名胜类设施密度	228	286
	科教文化类设施密度	228	286
	体育休闲类设施密度	228	286
	医疗服务类设施密度	228	286
	建筑密度	228	286
多样性	土地利用混合度	228	286
设计	容积率	228	286
	道路密度	228	49
目的地可达性	轨道站点出入口数量	228	58
	停车场数量	228	286
交通距离	轨道线路密度	228	200
	公交线路密度	228	286
需求管理	停车场平均收费	228	229
人口统计	人口密度	228	286
站点属性	轨道站是否为换乘站	228	286

　　设计维度中，容积率带宽为286，具有近似全局作用的尺度，表明该影响因素对于晚高峰出站客流在空间影响上较为平稳；道路密度带宽为49，属于局部作用尺度，表明道路密度对不同位置的晚高峰出站客流空间异质性变化较快。

　　目的地可达性维度中，停车场数量的带宽为286，具有近似全局作用的尺度，表明该影响因素对于晚高峰出站客流在空间影响上较为平稳；轨道站出入口数量带宽为58，属于局部作用尺度，空间影响程度受区域影响变化明显。

　　交通距离维度中，公交线路密度带宽为286，具有全局尺度，轨道线路密度的带宽为200，属于中等尺度，其空间异质性变化相对平稳。

　　需求管理维度中，停车场平均收费的带宽为229，较接近全局尺度，说明该影响因素对于晚高峰出站客流影响的空间异质性相对平稳。

人口统计和站点属性维度中，轨道站点是否为换乘站、人口密度的带宽均为286，均属于全局作用尺度，说明这些影响因素对于晚高峰出站客流影响的空间异质性相对平稳。

6.3.5　通勤客流显著性影响因素总结

1. 建成环境影响因素空间分布特征

从建成环境影响因素出发，探究每一个对通勤客流有显著性影响的建成环境因素的影响方式及空间分布。将每一个站点作为一个圆形，划分为四等份，分别代表建成环境影响因素对于早高峰进站、早高峰出站、晚高峰进站、晚高峰出站客流的影响情况，用红色、蓝色和白色分别表示该类建成环境影响因素对于该站点的影响为正向、负向或没有显著影响。

从图6-6中可以看出，建成环境影响因素的正负向影响有明显的区域分布特征。在密度维度中，居住类设施密度对于五环外北部区域内站点通勤客流有明显的影响，且对于早高峰进站和晚高峰出站客流影响的区域站点相似；办公类设施密度对于全域轨道站点均有影响，根据出行特征呈现明显的影响规律，对于早高峰进站客流和晚高峰出站客流呈负影响，对于早高峰出站客流和晚高峰进站客流呈正影响；风景名胜类设施对位于昌平区、通州区、10号线南段的轨道站点有影响；科教、体育、医疗类设施密度和建筑密度对站点通勤客流的影响情况相同，均对所有站点的早高峰出站和晚高峰进站客流有负向影响。在多样性维度中，土地利用混合度对于以中关村为中心的周边区域、顺义区内站点、昌平线沿线站点为正影响，对以三里屯、朝阳公园为中心的区域和海淀区最南端区域内的轨道站点为负影响。在设计维度中，容积率对于所有轨道站点的早高峰出站和晚高峰进站客流均有正影响；道路密度对于朝阳区内以国贸为中心的区域、昌平线上的站点为正影响，对于通州区内站点多为负影响。在目的地可达性维度中，轨道站点出入口数量对于北京市东南区域内站点客流影响为正，其中对晚高峰出站客流影响较普遍，对于天通苑及周边区域内轨道站点为负影响。停车场数量对于站点客流均为正向影响，其中城区北半部分区域内站点通勤客流均与停车场数量有明显关系。交通距离维度中，轨道线路密度只对昌平线和亦庄线上站点的早高峰进站客流有显著正影响；公交线路密度指标对于所有站点均存在正影响，且影响的早高峰进站和晚高峰出站客流显著的站点情况相似。在需求管理维度中，停车收费标准对于北京市西北区域和东南区域为正向影响，对于丰台区东北部分区域内站点为

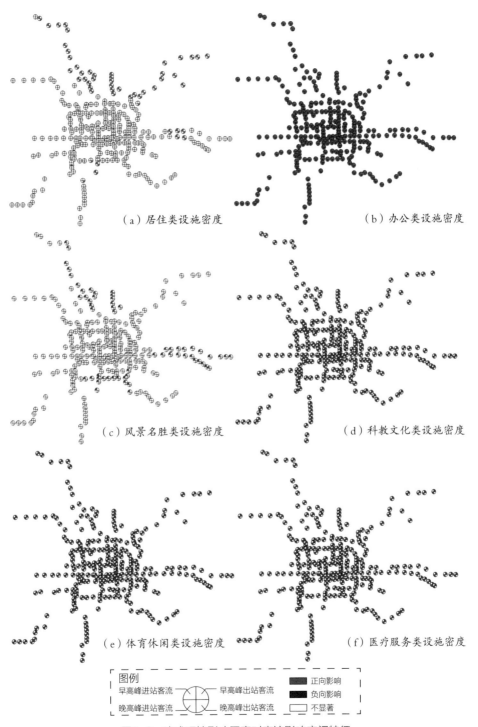

（a）居住类设施密度

（b）办公类设施密度

（c）风景名胜类设施密度

（d）科教文化类设施密度

（e）体育休闲类设施密度

（f）医疗服务类设施密度

图例

早高峰进站客流　　　　　早高峰出站客流

晚高峰进站客流　　　　　晚高峰出站客流

正向影响

负向影响

不显著

图6-6　建成环境影响因素对客流影响空间特征

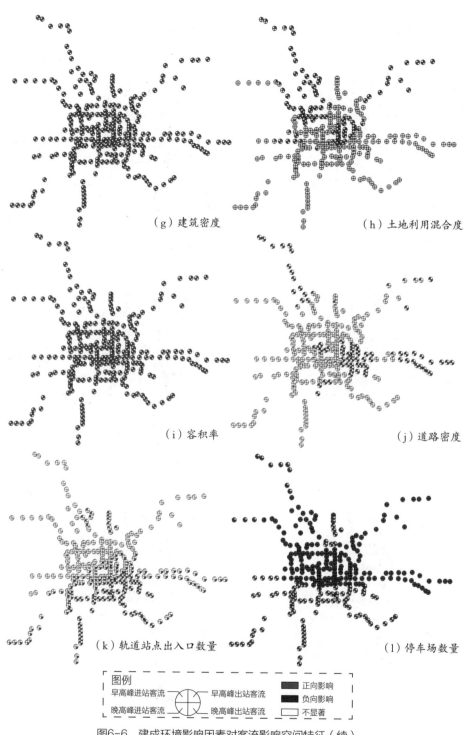

（g）建筑密度 （h）土地利用混合度

（i）容积率 （j）道路密度

（k）轨道站点出入口数量 （l）停车场数量

图例
早高峰进站客流 ——— 早高峰出站客流 ▨ 正向影响
晚高峰进站客流 晚高峰出站客流 ● 负向影响
□ 不显著

图6-6 建成环境影响因素对客流影响空间特征（续）

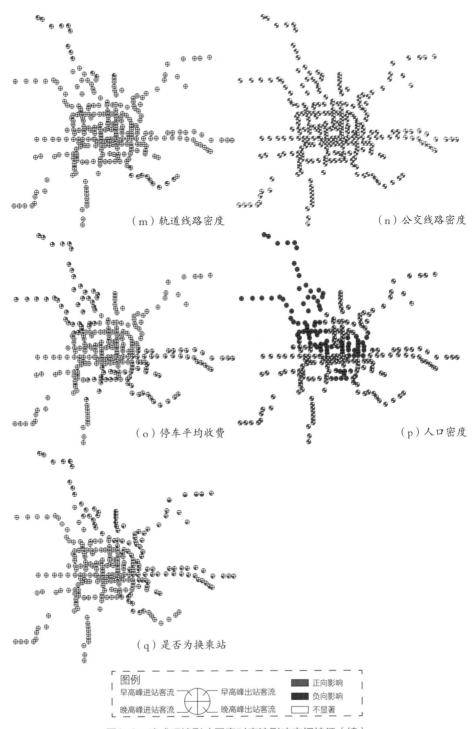

图6-6　建成环境影响因素对客流影响空间特征（续）

负向影响。在人口统计维度中，人口密度对于大部分区域站点影响为正，其中对于海淀区、昌平区和朝阳区中部站点的通勤客流有普遍正影响，对于大红门附近区域内站点的早高峰出站或晚高峰进站客流有负向影响。在站点属性维度中，站点为换乘站对于城区东部和北部区域内的站点有正向影响，但不同时间受到显著影响的站点分布差异较大。结果表明，本书探究的建成环境影响因素几乎均对五环外区域轨道站点有显著性影响，土地利用混合度、停车场数量和人口密度，对于五环内区域站点的影响更广泛。

2. 建成环境影响因素影响程度特征

为直观对比不同建成环境影响因素的影响程度大小，计算不同时段通勤客流的显著性影响因素平均系数，即显著影响因素系数和与影响显著的站点数量的比值并进行排序。由于部分影响因素同时存在正向和负向影响，会导致平均数计算存在误差，为避免此现象，将正向影响因素与负向影响因素分别进行比较。

从图6-7中可以看出，正向影响因素中，早高峰出站客流和晚高峰进站客流获得的影响因素系数变化相似，影响程度最大的因素均为办公类设施密度和土地利用混

	早高峰进站	晚高峰出站	早高峰出站	晚高峰进站
停车场平均收费	0	0.18	0.20	0
容积率	0	0	0.22	0.18
土地利用混合度	0	0	0.52	0.51
建筑密度	0	0	0	0
医疗服务类设施密度	0	0	0	0
体育休闲类设施密度	0	0	0	0
科教文化类设施密度	0	0	0	0
风景名胜类设施密度	0	0	0	0
商业类设施密度	0	0	0	0
办公类设施密度	0	0	0.63	0.57
人口密度	0.18	0.14	0.41	0.41
停车场数量	0.19	0.22	0.27	0.28
公交线路密度	0.29	0.26	0	0
轨道线路密度	0.34	0	0	0
轨道站点出入口数量	0.38	0.20	0	0
道路密度	0.39	0.41	0	0
轨道站点是否为换乘站	0.41	0.20	0	0.13
居住类设施密度	0.78	0.70	0	0

图6-7   正向影响因素系数平均值统计

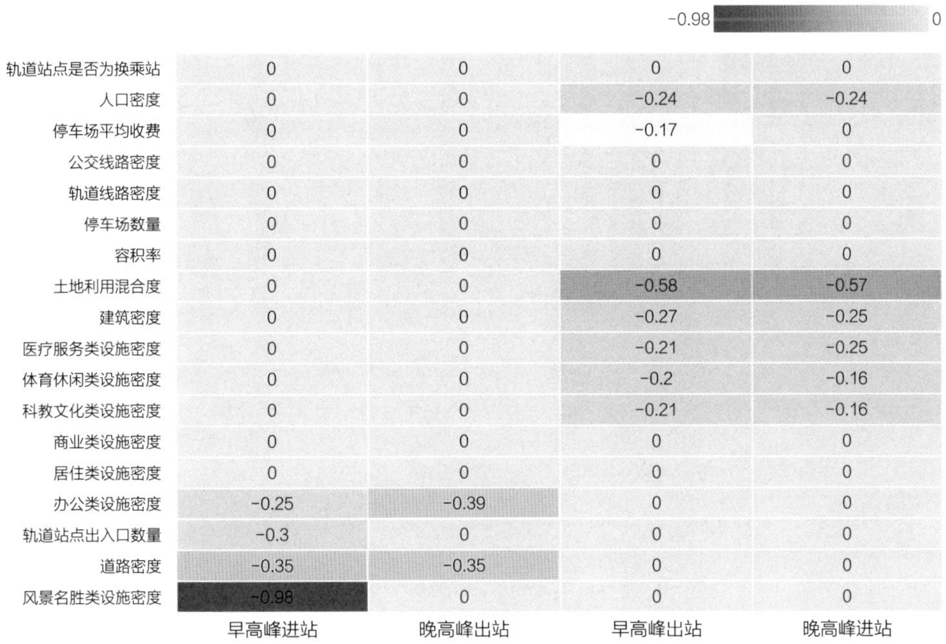

	-0.98 ▓▓▓▓▓▓▓▓▓ 0		
轨道站点是否为换乘站	0	0	0	0
人口密度	0	0	-0.24	-0.24
停车场平均收费	0	0	-0.17	0
公交线路密度	0	0	0	0
轨道线路密度	0	0	0	0
停车场数量	0	0	0	0
容积率	0	0	0	0
土地利用混合度	0	0	-0.58	-0.57
建筑密度	0	0	-0.27	-0.25
医疗服务类设施密度	0	0	-0.21	-0.25
体育休闲类设施密度	0	0	-0.2	-0.16
科教文化类设施密度	0	0	-0.21	-0.16
商业类设施密度	0	0	0	0
居住类设施密度	0	0	0	0
办公类设施密度	-0.25	-0.39	0	0
轨道站点出入口数量	-0.3	0	0	0
道路密度	-0.35	-0.35	0	0
风景名胜类设施密度	-0.98	0	0	0
	早高峰进站	晚高峰出站	早高峰出站	晚高峰进站

图6-8　负向影响因素系数平均值统计

合度；早高峰进站客流和晚高峰出站客流获得影响程度最大的因素均为居住类设施密度，但影响因素系数变化相似度不高，对于早高峰进站客流影响程度较高的为站点是否为换乘站，对于晚高峰出站影响程度较高的是道路密度。

从图6-8中可以看出，负向影响因素中，早高峰出站客流和晚高峰进站客流获得的影响因素系数变化仍较为相似，影响程度最大的因素均为土地利用混合度，其次为建筑密度；早高峰进站客流和晚高峰出站客流获得的影响因素系数变化差距较大，对于早高峰进站客流影响程度最大的因素是风景名胜类设施密度，其次是道路密度和站点出入口数量，风景名胜类设施密度显著影响的站点数量较少，且存在极大的影响系数，因此导致平均系数变大，而对于晚高峰出站客流影响程度最大的因素是办公类设施密度。

3. 建成环境影响因素空间尺度特征

汇总建成环境对高峰时段通勤客流作用的空间尺度，如图6-9所示。从结果可以看出，对于早高峰进站和晚高峰出站客流，同一影响因素获得的带宽较为相似，对于早高峰出站和晚高峰进站客流，同一影响因素获得的带宽也普遍相似；办公类、商

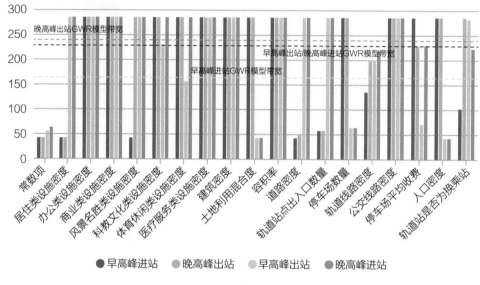

图6-9   建成环境对轨道站点客流作用的空间尺度对比

业类、医疗服务类设施密度、建筑密度、容积率和公交线路密度对客流的作用尺度均为全局尺度，这些影响因素在空间上的影响程度较为平稳，因此在规划该类指标的空间布局时，应参考市域范围该类设施进行统一规划。而存在较小尺度的建成环境影响因素，如土地利用混合度、道路密度、站点出入口数量、停车场数量等，应针对站点周边情况进行具体分析，因地制宜。

第 **7** 章

轨道站点建成环境问题总结及更新策略

7.1　问题总结

根据轨道站点客流的时间空间分布特征，站点周边建成环境对于客流的影响程度、空间尺度分布以及实地调研情况，总结北京市轨道站点及周边环境主要存在的问题，有利于提出针对性的建成环境更新改善策略。

7.1.1　客流分布不均衡

北京市轨道站点早晚高峰的进出站客流聚集明显，职住分离严重，部分站点早高峰时段进站或出站量较大，导致轨道线路和站点超负荷运转，客流拥挤严重。为解决这类问题，已有轨道站点采用限流措施，如采用网上预约快速进站的方式，但开始预约一分钟内，早高峰 7:00 ~ 9:00 的预约名额就已抢完（图 7-1），站点进站口仍出现大量排队的情况（图 7-2）。另有一些站点存在潮汐客流的现象（图 7-3），降低了轨道线路使用效率。同时，有部分站点进出站客流均较小（图 7-4），缺乏客流吸引力，造成了交通资源的浪费。

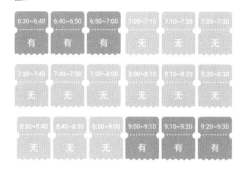

图7-1　沙河站进站预约开启1分钟后截图　　图7-2　沙河站B口早高峰排队进站的市民

（图片来源：网络）

图7-3 站点内单向人流量集中   图7-4 使用率低的轨道站点

7.1.2 功能布局不合理

建成环境功能布局和建设强度都会对轨道站点客流产生影响，轨道站点研究范围内建成环境功能种类单一，或办公、居住类设施密集，均有可能造成客流的大量聚集（图7-5），植入式站点会出现与周边建成环境连通度较差等问题；在轨道站点先行建成、周围环境开发滞后的情况下（图7-6），又会造成客流较少、使用不便等问题。

7.1.3 交通接驳便利性差

北京市多数轨道站点未与周边建成环境进行同步开发，造成站点多为独立出入口，与周围建成环境并无紧密联系，同时轨道站点开发较早，出入口大多处于交叉口

图7-5 乘客排队等候上车   图7-6 巩华城站A1出站口周边
                                          （图片来源：百度街景图片）

附近人行横道处，站点出入口前预留面积狭小，无法应对接驳交通的停靠，造成路面拥堵、影响城市环境（图 7-7、图 7-8）。

图7-7　非机动车占用步行道

图7-8　非机动车停放混乱

7.2　客流分布不均站点更新策略

早高峰时段通勤能力是体现轨道交通通勤效率的重要评估指标，与早高峰通勤相比，晚高峰期间居民通勤时间聚集性相对减弱，例如居民下班时间不同、有其他社交安排等，都会影响晚高峰时段的客流聚集情况，通过客流时间变化特征也可明显看出早高峰进出站客流总量均高于晚高峰进出站客流总量。因此，本节以早高峰客流作为轨道站点客流研究的主要矛盾点，寻找早高峰进站聚集站点和早高峰客流不足的站点，根据其站点特性提出建成环境更新策略。

7.2.1　早高峰进站客流聚集站点更新策略

北京为应对早高峰进站拥堵情况采取一系列控流措施，该方法虽控制了部分进站客流，但也给居民带来了诸多不便，因此本小节重点关注早高峰进站客流聚集的站点，寻找其共同点并提出更新策略。

对早高峰客流进行自然间断法分级，将客流从大到小分为客流量大、较大、一般、较小和小五个等级，其中早高峰进站客流量大且出站客流小的站点包括天通苑、天通苑北、回龙观东大街等 7 个轨道站点（表 7-1）。

对早高峰进站客流较大的站点进行显著性影响因素总结，由图 7-9 可知，居住类

早高峰进站客流集中站点		表7-1
轨道站点名称	早高峰进站客流量/人次	早高峰出站客流量/人次
天通苑	31377	24119
霍营	30794	2859
天通苑北	30198	3505
立水桥	26124	3908
回龙观	25979	2160.25
龙泽	23403	3211
回龙观东大街	22182	2236.5

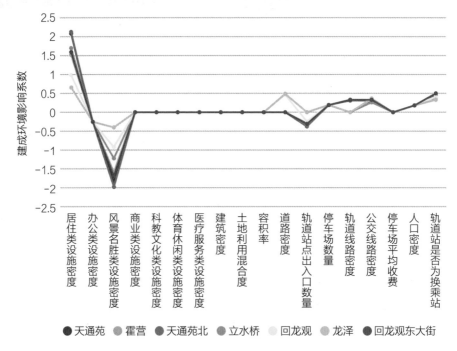

图7-9 早高峰进站客流聚集站点客流显著性影响因素系数分布

设施密度、停车场数量、公交线路密度、人口密度和站点是否为换乘站对于该类站点
早高峰客流均为正向影响，居住类设施密度、人口密度越大，说明该站点周边的居住
人口越密集，轨道交通的需求量越大；停车场数量、公交线路密度、站点是否为换乘
站均体现了站点交通接驳的便利程度，这些指标越大，居民到达轨道站点越便利，客

流也随之增加。办公类设施密度、风景名胜类设施密度、站点出入口数量对于该类站点早高峰客流均为负向影响，其中，站点周边的办公类设施密度越小，为该区域提供的就业越少，居民在区域周边解决就业的比例就会减少；风景名胜类设施占地面积一般较大，因此，设施密度越高，站点周边一定建成环境内的人口密度和居住设施密度就会减少，可能进一步导致进站客流的减少；通常情况下，站点出入口数量越多，居民进站越便利，导致进站量的增加的可能性越高，但该指标对天通苑区域内站点客流为负向影响，分析其原因，可能是天通苑区域是一大型居住社区，居住密集，区域内轨道站点距离较近，因此站点出入口的增加，可能会使居民选择附近其他轨道站点，进而使选择该轨道站点的客流减少，导致对于早高峰进站客流聚集的站点影响为负。

　　以客流最多的天通苑、霍营和天通苑北为代表站点进行站点周边建成环境用地布局分析，反映其各类设施的分布情况。由图7-10可以看出，天通苑和霍营站周边均分布了大量的二类居住用地，其他种类设施用地较少，用地混合度较差，大量居住用地的聚集、商务办公等设施的缺乏，可能是导致这些站点早高峰进站客流聚集的重要原因；天通苑北站东北部为三类居住用地，会产生较多客流。同时，该站点为5号线终点站，轨道站点旁边布置公交枢纽场站，因此，造成该站点早高峰进站客流较大的原因可能是轨道线路未覆盖居民到这里换乘轨道交通。站点周边的商务办公、商业住宅类用地均较少，空闲地、绿地较多。通过总结发现，该类站点周边多为单一居住用地，站点邻近区域多为交通场站用地，商业、办公类设施较为缺乏。

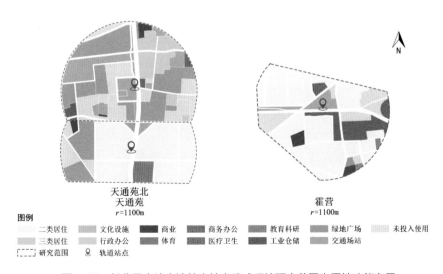

图7-10　部分早高峰客流较少站点建成环境研究范围内用地功能布局

针对早高峰进站客流集中的轨道站点，提出以下更新改进策略：

①密度及多样性方面：可重点关注其半径 1100m 范围内的建成环境，在站点周边增加商业等非居住功能设施，风景名胜类设施、办公类设施的影响程度较大，因此重点提升办公类设施，居住密集的区域可建设口袋公园、街边游园等设施，对这些设施进行优化调整对较少客流的站点效果更明显，充分利用空闲地，提升土地利用混合度。②设计方面：对于已有居住区，以打造活力、宜居的居住社区为首要目标，完善周边生活服务配套设施；可通过逐步更新的方式，置换站点附近用地性质，例如引入商住设施，增加用地开发强度。同时完善路网体系，将站点周边未连通道路进行修缮。③可达性及交通距离方面：进一步提升昌平区南部区域内轨道线路和轨道站点密度，提高轨道站点出入口的数量；依据建成环境进行客流预测，对于客流较高站点周边增设轨道站点或线路，以期分散部分早高峰进站客流；对于早高峰进站客流较大的终点站，进行乘客 OD 路径分析，根据乘客出发地适当延长轨道线路；置换站点周边的交通设施用地，例如，将地面停车场改造为立体停车场或地下停车场以节省空间，提升土地开发强度，为其他功能类设施的置入提供条件。④站点属性方面：在提高轨道线路密度的同时，注重与已有线路的连接与结合。

7.2.2 早高峰时段客流较少站点更新策略

本节重点关注早高峰进出站客流均较少的站点，寻找其共同点并提出更新策略。对早高峰客流进行自然间断法分级，将客流从大到小分为客流量大、较大、一般、较小和小五个等级，其中早高峰进出站客流均较小的站点包括化工、稻香湖路、北安河、什刹海等 57 个轨道站点（表 7-2），这些站点在早高峰时段利用率不高。其中交通枢纽型站点，如 T2、T3 航站楼，由于站点性质特殊，客流并不随通勤时间发生显著变化，因此不计入早高峰客流较差站点，其次一些风景名胜相关站点，如十三陵景区、天安门西、森林公园南门等，这些景区占地面积大，周边其他种类设施密度小，不会吸引和产生早高峰客流，因此同样不再计入早高峰客流较差站点。汇总发现，16 号线上轨道站点的客流均较少，结合现状了解到 16 号线经过许多城中村改造的区域，因此该地区居民较少需要乘坐轨道交通去其他区域就业。

筛选部分早高峰进、出站客流最小的站点进行显著性影响因素总结，由图 7-11 可知，建成环境影响因素变化趋势有一定的规律。其中，居住类设施密度、道路密度、停车场数量、公交线路密度、人口密度对于该类站点早高峰进站客流均为正向影

部分开发程度较差站点　　　　　　　　　表7-2

轨道站点名称	早高峰进站客流量/人次	早高峰出站客流量/人次
化工	305	357
稻香湖路	695	1204
北安河	837	478
什刹海	863	999
北邵洼	916	164
巩华城	964	153
良乡大学城	1139	363
桥湾	1182	2715
农业展览馆	1262	3265
义和庄	1284	514
…	…	…

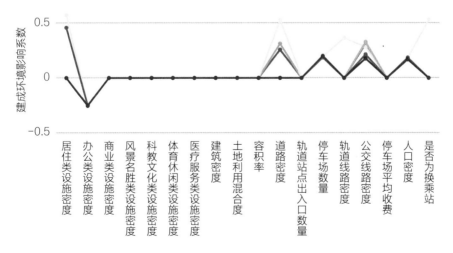

（a）部分站点早高峰进站客流显著性影响因素系数

图7-11　部分客流较少站点早高峰进出站客流显著性影响因素系数对比

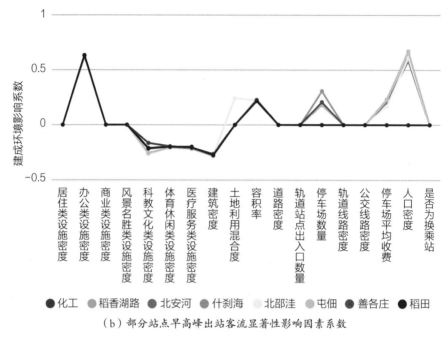

（b）部分站点早高峰出站客流显著性影响因素系数

图7-11 部分客流较少站点早高峰进出站客流显著性影响因素系数对比（续）

响。办公类设施、容积率、停车场数量、人口密度对早高峰出站客流均为正向影响。办公类设施密度对于该类站点早高峰进站客流均为负向影响；风景名胜类、科教文化类、体育医疗类设施密度以及建筑密度对于该类站点早高峰出站客流均为负向影响。

以客流最少的化工、稻香湖路站、巩华城、北安河站为代表站点进行周边建成环境功能布局分析，由图7-12可以看出，化工站周边建成的用地功能相对丰富，站点周边居住、商业、科教文化用地较多，但实地调研发现，部分居住、商业、科教文化设施虽已建成，但未正式投入使用，因此对客流的吸引力较差，同时，站点周边最近区域用地为工业仓储和空闲地，影响了站点核心距离内的吸引力；稻香湖路站周边包含大量的空闲地、绿地以及农林用地，开发强度较小，功能种类单一；巩华城站东部为昌平新城滨河森林公园，占地面积较大，西侧为大面积未开发用地，南北两侧包含别墅区，高尔夫球场等高消费设施，该站点周边居住的居民极少选择轨道交通通勤，相对于居住类设施森林公园对该站点客流影响更大，因此在早高峰时段，该站点客流较少；北安河站周边居住用地较多，功能也较为丰富，但早高峰进出站客流却较小，通过调研发现，该站点的进出站客流多为学生，较少有通勤的成年人，同时，周边机动车使用频率较高，北安河站西部区域设施也较为丰富，说明该区域居民多在附近就

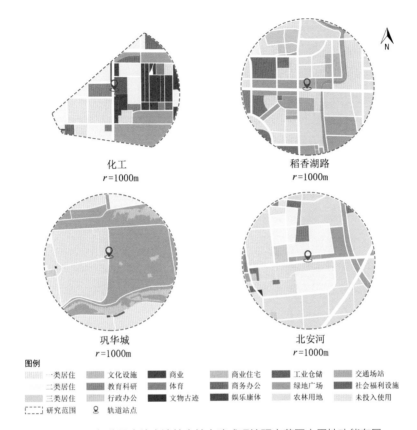

化工
r=1000m

稻香湖路
r=1000m

巩华城
r=1000m

北安河
r=1000m

图例

一类居住	文化设施	商业	商业住宅	工业仓储	交通场站
二类居住	教育科研	体育	商务办公	绿地广场	社会福利设施
三类居住	行政办公	文物古迹	娱乐康体	农林用地	未投入使用

研究范围　　轨道站点

图7-12　部分早高峰客流较少站点建成环境研究范围内用地功能布局

业，或多选用机动车出行，并不需要通过轨道交通实现通勤需求。总结发现，该类站点周边通常功能较为单一，土地利用混合程度不高，开发相对滞后，存在许多建设中或未投入使用的设施，同时，居民距离轨道站点较远，工作日通勤使用轨道线路频率相对较低。

针对早高峰客流较少的轨道站点，提出以下更新改进策略：

①密度及多样性方面：首先应明确该站点及周边的发展方向，根据站点服务的对象和站点功能，重点规划其主要功能设施；居住类设施、办公类设施的影响程度较高，优化调整这些设施对于提高客流的效果更明显。在功能单一的区域可通过增加商业、科教文化等设施提高土地利用混合度。结合站点建设社区服务中心，集成商业、办公、零售、娱乐等各方面服务，辐射周围片区。随着人流的增长，逐渐具备商业、办公等设施开发的条件后，提升设施质量，增加其他公共服务、休闲娱乐类设施，实现功能混合。对于新开发站点，土地利用应与轨道站点规划相结合，预留站点附近用

地，避免站点周边建成环境核心范围内居住功能单一的问题。②在设计方面：路网密度的影响程度较高，应进一步增加次干路、支路密度，方便居民到达轨道站点；提高土地开发强度，丰富功能和设施的多样性和密集程度。③目的地可达性和交通距离方面：公交线路密度和停车场数量的影响程度较高，因此优先优化调整这些设施可能会获得更明显的提升客流的效果，提高客流提升公交线路密度，在轨道站点旁增加公共停车场数量，可采用立体或地下停车等方式；减小接驳成本，让站点吸引更多站点影响范围外人流，引导居民由机动车换乘公共交通，同时，适当增加轨道站点出入口数量，在居民密集区增设轨道站出入口；增加远端轨道站点的公交线路，利用公交线路弥补轨道交通的覆盖范围，扩大站点服务范围，提升服务水平。④需求管理方面，适当降低站点旁公共停车场的停车费用，例如停车可获得一次当日不计里程的免费乘坐轨道站点单程票，引导居民选择小汽车换乘轨道交通出行。⑤合理安排开发时序。对于开发程度较差站域，因为客流不足，吸引商业及办公开发入驻的能力不够，应制定阶段性开发计划，在各个阶段采取不同的策略。

7.3　建成环境功能布局更新策略

7.3.1　城市分区功能布局调整

北京市呈现中心聚集程度明显，外围逐渐分散的城市结构，中心区开发强度高、设施密集、办公聚集，外围多为居住组团，配套设施相对缺乏。因此，北京轨道线路与周边发展应针对区域特性采取不同方法。

北京市中心建成区内，受到现状条件的制约，已无法进行大规模线路更新或植入站点，站点周边建成环境改变较为困难。因此，在中心建成区应采取局部更新和优化现有设施的方式。在中心高密集区域，应做到疏解交通，优化配置，转移部分吸引客流变化程度较大的建成环境，尽量降低其聚集程度，减少吸引人流。中心建成区内土地利用混合度、停车场数量和人口密度对客流的影响更为显著。例如，北京市东城区和朝阳区内以国贸为中心的区域是设施点最为聚集的区域，开发强度较高，该区域内轨道站点的早高峰出站和晚高峰进站客流量大，可以在区域内疏解部分办公类设施，考虑置换为体育休闲等其他配套设施，增加区域设施多样性。对于影响尺度较小的建成环境因素，例如餐饮、公园广场、科教文化类设施，应根据站点周边环境特点和站点客流时间变化特点进行局部分析，例如北京地铁和平里北街 A 口旁为中国邮政集散点，造成大量邮政快递车在此处停放，影响轨道站口出入，应将其迁离轨道站点出入口。应重点加强站点周边竖向混合度的开发，发展垂直立体交通（图 7-13），对于地上空间受限的建成站点，可通过地下空间的开发实现功能的拓展，例如进行商业、娱乐、休闲、文化展览、社区服务、停车等功能的开发。也可结合现有建成环境考虑主要为办公或主要为居住的功能性站点，但办公和居住站点之间的线路联通应顺畅、便捷，达到不需换乘或只需换乘一次。进一步增加停车场数量，采用立体停车或地下停车等方式。

北京市外围区域，应注重站点周边的功能空间布局，合理布局居住、办公、商业、公共服务等设施（图 7-14），提高土地利用混合度。外围区域设施分布聚集性相对分散，早高峰进站和晚高峰出站客流量大，整合轨道站点周边步行 10 分钟、15 分钟到达的区域内的功能设施，可以将中心疏解的办公等设施转移至外围地区，增加建筑密度，完善轨道站点周边的餐饮、商业等设施，提高站点周边的设施多样性，增设科教文化类设施吸引更多的人到这里工作生活。打破现在独立出站口的做法，通过上盖开发实现建成环境功能复合，北京已有上盖开发多集中在居住功能，但是，居民会受到噪音振动等影响，应进一步拓展上盖功能，做到站域核心区的复合开发。寻找有发展潜力的区域，构建站城综合体，将日常生活的通勤换乘、商务办公、生活购物、休闲娱乐等活动整合在一个综合体之中。综合体地下可布置停车场、车站设施，地上底层部分为商业，商业上层为娱乐文化、生活服务设施，形成纵向人流以及良好的商

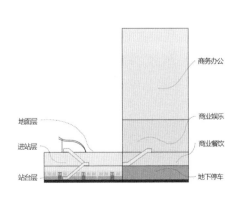

图7-13　站点及连通建筑垂直交通示意图

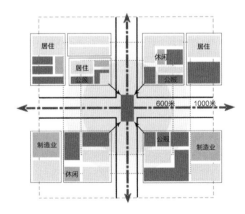

图7-14　轨道交通站点周边功能规范化示意图
（图片来源：底图来源于《城市轨道交通站点周边地区设施空间规划设计导则标准》宣贯报告）

业氛围，办公、酒店可布置于综合体的上层或综合体周围，增加建成环境容积率，提高土地开发强度。北京沙河站 B 口在工作日早高峰常出现居民排队进站的情况，市民反映一般需要排 10~20 分钟，因此，应进一步丰富轨道线路密度，将轨道线路站点规划与城市交通规划、用地规划相结合，参考居住区的分布增设轨道线路或站点，以分散现有站点的早高峰进站客流。站前广场是轨道站点建设中最容易忽略的部分，北京市多数轨道站点出入口设立在原有人行道上，并无站前广场，而部分拥有站前广场的轨道站点大多只布置一片空地，多数成为机动车和非机动车的停车场，在未来更新规划中，在站前广场达到交通疏散需求的同时，赋予其文化展示、社会交往等方面的作用，布置城市智能家具，将站前广场作为文化传播、形象展示的窗口。

7.3.2　建成环境解释程度评价及优化

通过多尺度地理加权回归模型拟合优度结果，确定建成环境最优分析范围，将该分析范围下的多尺度地理加权回归模型客流预测值与真实值进行相对误差计算，获得建成环境对工作日早高峰时段进出站客流、晚高峰时段进出站客流的解释力，并通过对该解释力值的分级，最终寻找建成环境对客流解释力差的站点，进行更新改造策略建议（图 7-15）。

假设理想状态下，轨道站点的进站客流全部由站点周围的建成环境因素生成，出站客流的目的地也分布在该分析范围之内时，该站点的效益最高。在无法利用现有数据精确得到出行者的起点和目的地位置信息时，通过采取建成环境数据拟合出的模拟客流值与实际产生客流值进行比较，用其相对误差值来衡量轨道站点的建成环境对客流解释力。预测客流值与实际客流值的相对误差越大，说明其建成环境对于客流的解释力越弱，反之，预测客流值与实际客流值的相对误差越小，说明其建成环境对于客流的解释力越强，其表达式为

$$\delta_i = R_i / y_i^* \tag{7-1}$$

$$R_i = \hat{y}_i - y_i^* \tag{7-2}$$

$$\hat{y}_i = \hat{\beta}_0(u_i, v_i) + \sum_{k=1}^{n} \hat{\beta}_{bwk}(u_i, v_i) x_{ik} \tag{7-3}$$

式中，δ_i 为某一高峰时段站点 i 周边建成环境对客流的解释力；R_i 为轨道站点 i 进站/出站量的绝对误差；$\hat{y}_i$ 为 MGWR 模型轨道站点 i 的进站/出站量标准化后的预

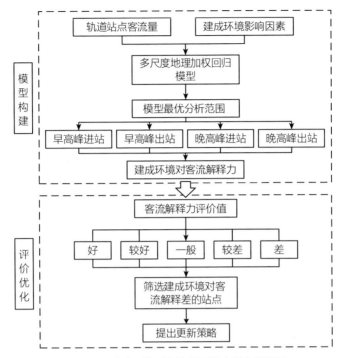

图7-15　建成环境对客流解释程度划分流程图

测值；$\hat{\beta}$ 为 MGWR 模型标准化后的回归系数估计值；y_i^* 为轨道站点 i 的客流量的标准化后的实际值。

　　针对每一个轨道站点得到早高峰时段进出站客流、晚高峰时段进出客流的四种解释力，计算四种解释的平均值作为站点 i 周边建成环境对工作日高峰客流的总解释力。该值越接近 0，说明建成环境度客流解释力越强；该值为负时，即轨道站点周边建成环境影响下的站点预测客流小于真实客流，说明该轨道站点客流来源范围可能大于所研究的建成环境范围，通过其他接驳方式到达站点；该值 δ_i 为正时，即轨道站点周边建成环境影响下的站点预测客流大于真实客流，说明该轨道站点周边建成环境可能存在吸引力不足等情况。

1. 统一分析范围半径

　　由于早高峰进站客流和晚高峰出站客流获得最高模型解释力的范围半径为1100m，而早高峰出站客流和晚高峰进站客流获得最高模型解释力的范围半径为1000m，为更方便筛选建成环境对客流的解释力，希望统一建成环境的研究范围，因此，计算不同时段 R^2 的平均值（表7-3），发现半径1000m获得的 R^2 平均值最高，因此选用该尺度研究建成环境对客流的模型解释力。

R^2 ＼ 半径（m）	500	600	700	800	900	1000	1100	1200	1300	1400	1500
早高峰进站	0.55	0.64	0.63	0.44	0.48	0.67	0.72	0.66	0.7	0.63	0.55
早高峰出站	0.79	0.86	0.84	0.85	0.77	0.90	0.82	0.84	0.82	0.73	0.79
晚高峰进站	0.79	0.85	0.84	0.85	0.78	0.89	0.82	0.85	0.83	0.73	0.79
晚高峰出站	0.51	0.58	0.59	0.49	0.40	0.56	0.65	0.55	0.65	0.52	0.51
R^2平均值	0.66	0.73	0.73	0.66	0.61	0.76	0.75	0.73	0.75	0.65	0.66

不同时段 R^2 及平均值　　　　表7-3

2. 异常值筛选

异常值的存在可能导致错过显著发现或扭曲实际结果，因此需要优先筛选异常值。采用四分位距（Interquartile Range，IQR）探测算法进行异常值筛选，IQR是一种基于统计学的稳健异常值探测算法[94]，它通过将数据集划分为四分位数来实现。四分位数将一个按等级排序的数据集划分为四个相等的部分。即Q1（第1个四分位数）、Q2（第2个四分位数）和Q3（第3个四分位数）。IQR认为位于Q3+1.5×IQR或Q1−1.5×IQR之外的数据被视为离群值。计算得到解释力上分位值Q1为0.17，下分位值Q3为0.80，建成环境对客流解释力的IQR为0.63，获得异常值探测区间为[−0.77,1.74]，即解释力小于−0.77或大于1.74判断为异常值，由于本书所有解释力均大于0，因此解释力异常值均为大于1.74的数值，约占整体样本量的9.6%。

3. 建成环境对各高峰时段客流解释程度结果

采用自然间断点分级法（Jenks）对除异常值外的所有建成环境对客流解释力进行分级，分为五类，获得其分类区间分别为0.00～0.27、0.28～0.59、0.60～1.06、1.07～1.74、1.75～25.08。针对所获得区间分类结果，将建成环境对客流解释程度定义为强、较强、一般、较弱、弱五个等级（表7-4）。从结果可以看出：建成环境对早高峰出站和晚高峰进站客流解释力相对较强，对早高峰进站和晚高峰出站客流解释力相对较弱，这与MGWR模型所得结果基本一致。

对各站点的解释程度结果进行可视化表达，分别用点的大小表示解释程度的强

建成环境对不同时段客流的解释程度及对应的轨道站点数量　　　　表7-4

解释程度分类 站点数量	强 0.00~0.27	较强 0.28~0.59	一般 0.60~1.06	较弱 1.07~1.74	弱 1.75~25.08
早高峰进站客流解释力	74	66	45	43	59
早高峰出站客流解释力	121	73	50	24	19
晚高峰进站客流解释力	128	82	38	26	13
晚高峰出站客流解释力	121	93	39	15	19

弱，点越大说明建成环境对客流解释力越大，解释程度越弱；点越小说明建成环境对客流解释力越小，解释程度越强（图 7-16）。

（1）在相同的分析范围下，建成环境对早高峰进站、晚高峰出站的客流量解释程度变化相似，对早高峰出站和晚高峰进站的客流解释程度相似，在 287 个站点中，有 191 个站点建成环境对早高峰出站和晚高峰进站的客流实施程度处于相同水平，有 88 个站点建成环境对早高峰进站和晚高峰出站的客流实施程度处于相同水平。建成环境对早高峰进站的客流量对早高峰出站、晚高峰进站和晚高峰出站的客流解释程度相对较弱。

（2）建成环境对早高峰进站客流量解释程度相对较弱，其中解释程度最弱的站点多集中在二环内，以及位于城市外围的轨道线路端点处。由于二环内有许多旅游景区，拥有的居住面积相对较少，其客流出行并非集中在工作日早高峰时段，客流应大多在周末或节假日全天候出行。因此，在该地区部分轨道站点周边建成环境呈现对早高峰进站客流解释程度较弱的情况；轨道线路外围站点周边虽有居民点聚集，但部分居住区离轨道站点较远，超过了本书研究的半径 1000m 的影响范围，因此站点周边的建成环境对工作日早高峰进站客流的解释程度较弱。

（3）建成环境对早高峰出站客流量解释程度相对较强，其中解释程度最弱的站点多集中在二环中心，即天安门、前门附近，部分轨道线路端点站点也出现解释程度较低的情况。天安门、前门附近没有大量的办公场所，人们到达此处多以参观游览为目的，因此其周边站点的出站客流多集中在周末或节假日，在该地区轨道站点周边建成环境呈现对早高峰出站客流解释程度较弱的情况；轨道线路外围站点周边办公地点较为缺乏分散，因此站点周边的建成环境对工作日早高峰进站客流的解释程度较弱。

（4）建成环境对晚高峰进站客流量解释程度相对最强，其中客流的解释程度较弱的站点分布与早高峰出站客流量所获得的解释程度较弱的站点相似。多集中在二环内

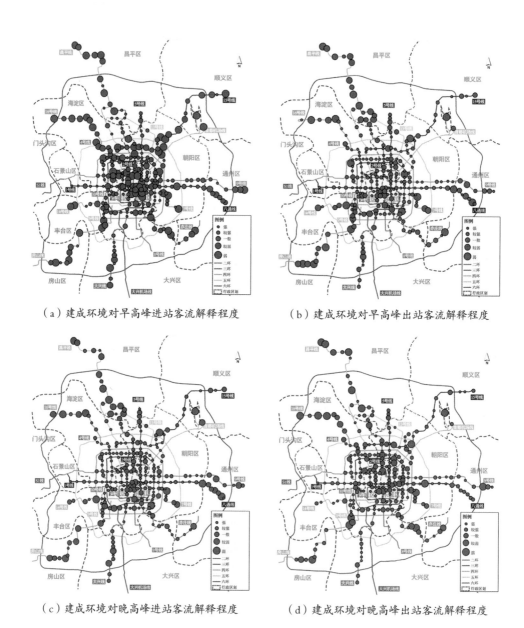

（a）建成环境对早高峰进站客流解释程度　　　（b）建成环境对早高峰出站客流解释程度

（c）建成环境对晚高峰进站客流解释程度　　　（d）建成环境对晚高峰出站客流解释程度

图7-16　建成环境对高峰时段客流解释程度

的天安门、前门附近，以及外围站点。由于工作日晚高峰进站客流主要出行轨迹为"办公地点——家"，与早高峰出站客流形成原因相似。

（5）建成环境对晚高峰进站客流量解释程度相对较强，其中解释程度最弱的站点多集中在位于城市外围的轨道线路端点处，这些站点周边居住区已经超出本书研究的半径1000m的影响范围，因此站点周边的建成环境对工作日早高峰进站客流的解释程度较弱。

总结分析发现，有四个站点周边建成环境对于早、晚高峰的进、出站客流解释程度均弱，分别为昌平西山口、巩华城、化工和T2航站楼地铁站。

4. 建成环境对工作日高峰客流解释程度

根据图7–17可以看出，五环以外区域轨道站点周边的建成环境对客流解释力相对较差，昌平线和16号线沿线站点的建成环境解释力均较差；化工、十三陵景区、巩华城等9个轨道站周边的建成环境对客流解释力较差。其中，解释力为正值则说明该地区建成环境可产生的客流大于实际客流，解释力为负值则说明该站点的建成环境可产生客流小于实际客流；解释力的绝对值越大，说明该站点的建成环境对客流的解释力越差。因此在解释力为正的站点中，化工、十三陵景区、巩华城获得的解释力最差；在解释力为负的站点中，次渠、昌平西山口、屯佃获得的解释力最差（表7–5）。

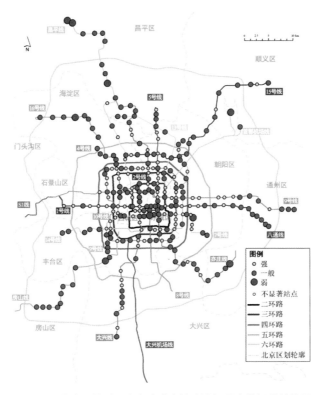

图7-17　建成环境对早晚高峰进出站客流解释力数据统计结果

解释力弱站点解释力数值汇总   表7-5

解释力 站点名称	早高峰进站	早高峰出站	晚高峰进站	晚高峰出站	总解释力
化工	25.08	-4.55	-2.28	7.99	6.56
十三陵景区	-1.49	1.17	1.21	5.40	1.57
巩华城	-7.79	2.29	5.82	4.39	1.18
珠市口	-1.69	1.30	1.29	1.95	0.71
大葆台	3.20	-1.77	-1.52	1.87	0.44
T2航站楼	-11.19	1.93	3.50	4.65	-0.28
屯佃	-1.46	-1.30	-1.34	2.21	-0.47
昌平西山口	-4.78	-2.99	-2.50	5.96	-1.08
次渠	-3.43	-2.11	-1.34	1.21	-1.42

5. 更新策略建议

针对建成环境对客流解释力弱的站点进行显著性影响因素总结，由图 7-18 可知，对于该类站点，居住类设施、道路密度、停车场数量、公交线路密度、人口密度、是否为换乘站普遍对早高峰进站和晚高峰出站客流为正影响。其中居住类设施密度、道路密度的影响程度相对较大；办公类设施密度普遍对早高峰进站、晚高峰出站客流为负影响。办公类设施密度、土地利用混合度、容积率、停车场数量、人口密度普遍对早高峰出站和晚高峰进站客流为正影响，其中办公类设施和人口密度影响程度较大；科教类设施密度、体育类设施密度、医疗类设施密度、建筑密度普遍为负影响。

以解释力最差的站点为代表进行站点周边建成环境功能布局分析，由图 7-19 可以看出，化工站周边设施种类较为丰富，混合度较高，但由于部分已建成设施未正式投入使用，吸引客流较少，导致模型解释力较差；巩华城周边居住距离轨道站点较远，居民对于轨道交通的需求较低，站点周边为空闲待建设用地和绿地公园，因此客流很少，建成环境获得的预测客流大于真实客流；次渠站周边为三类居住用地，各类设施布局分散，核心区域内空闲待建设用地较多，不能吸引较多客流，导致模型解释力较差；昌平西山口站周边建成环境开发程度低，作为昌平线终点站，周边具有公交场站，为未能被轨道线路覆盖到的区域居民提供了接驳交通枢纽，因此，可能会吸引一些建成环境研究范围区域外的客流，导致模型解释力较差。通过总结发现，该类站点普遍存在周边用地开发强度较小，待建设空闲地、农林用地，以及未投入使用的设施较多，建成环境开发滞后于轨道站点建设；或是用地功能单一，土地利用混合度较差，对通勤客流的吸引力较小。

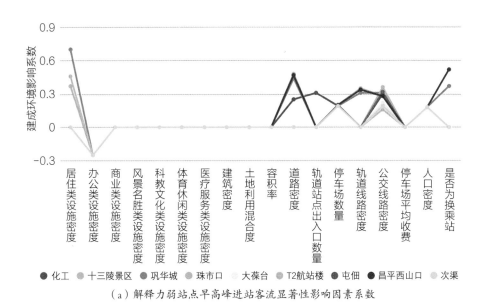

（a）解释力弱站点早高峰进站客流显著性影响因素系数

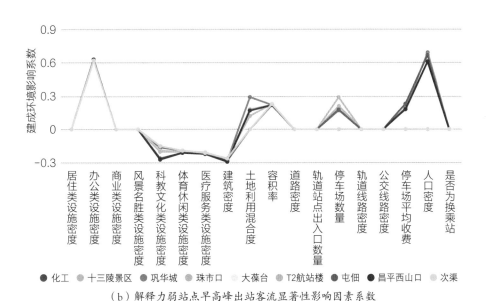

（b）解释力弱站点早高峰出站客流显著性影响因素系数

图7-18 解释力弱站点客流显著性影响因素系数分布

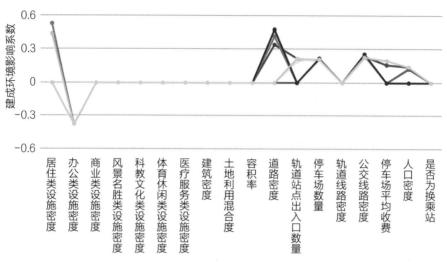

（c）解释力弱站点晚高峰出站客流显著性影响因素系数

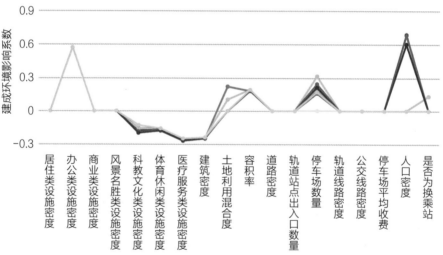

（d）解释力弱站点晚高峰进站客流显著性影响因素系数

图7-18　解释力弱站点客流显著性影响因素系数分布（续）

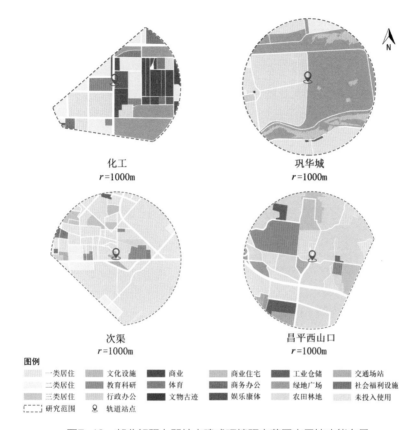

图例
一类居住　　文化设施　　商业　　　商业住宅　　工业仓储　　交通场站
二类居住　　教育科研　　体育　　　商务办公　　绿地广场　　社会福利设施
三类居住　　行政办公　　文物古迹　娱乐康体　　农田林地　　未投入使用
研究范围　　轨道站点

图7-19　部分解释力弱站点建成环境研究范围内用地功能布局

针对建成环境对客流解释力较差的轨道站点，提出以下更新改进策略：

建成环境解释力为正的站点，其预测客流值大于真实客流，因此应重点提升客流吸引力，丰富周边环境，完善交通接驳体系。①密度及多样性方面：居住类和办公高类设施密度的影响程度较高，对客流的影响更大，因此，优化轨道站点周边居住类设施、办公类设施质量，引入优质企业或物业管理公司入驻，提升居住区品质，增强地区吸引力；增加商业、科教文化等设施密度，提高站点周边的土地利用混合度。可考虑商业办公等设施与轨道站点结合开发，吸引人流到达轨道站点。②可达性及交通距离方面：增加轨道站点出入口，提升轨道站点与周边建筑的连通性，完善轨道交通接驳体系，如提高共享单车停靠点密度、调整公交站点与轨道站出入口的距离，提高停车场数量。③需求管理方面：可通过适当提高轨道站点邻近公共停车场的收费标准，提高绿色交通出行宣传，进一步引导居民乘坐公共交通工具。

建成环境解释力为负的站点，其预测客流值小于真实客流，因此应重点完善建成环境，提升土地利用混合度，疏解交通客流。①密度及多样性方面：增加居住类、办公类、商业、科教文化等设施密度，充分利用轨道站点周边空闲地进行土地开发，重点提高站点周边的土地利用混合度，新建设施应与现有站点相结合。②设计方面：开发站点周边用地，提高建筑密度。③可达性及交通距离方面：提高站点与周边建筑的连通性，进一步优化公共交通体系和轨道交通接驳体系；可考虑增加自行车专用道等其他方式，为居民提供可供选择的不同的绿色交通方式。④需求管理方面：可通过适当降低该类轨道站点近邻公共停车场的收费标准引导居民机动车换乘出行。⑤站点属性方面：增加轨道线路密度，与现有轨道站点进行连通，为居民提供更多轨道线路出行选择。

7.4 站点交通接驳体系更新策略

轨道站点交通接驳包括步行、建筑连通、非机动车和机动车接驳，完善交通接驳系统，有利于提高公共交通使用率，提升通行效率，增加不同区域居民的公交公平性。

首先，完善人行步道网络，优化居民到轨道站的步行环境，如增加遮阳挡雨设施，改善步行环境的同时引导人流（图7-20）。增强与轨道站域周边建筑物的连通关系，对于中心城区已建成的独立站点，增加周边建筑物标识信息，例如在出站口广场设立地图，地面绘制流线等，对于有条件更新的轨道站点，增加出站口，尽量增加与周边建成环境的联系，对于待建轨道站点，进行站城统一规划，将办公、商业、体育、休闲功能设施进行整合，构建商业综合体，并与轨道站点出入口结合（图7-21）。

实地调研发现，部分轨道站点出入口处，共享单车、自行车、电动车等摆放杂乱。一些客流较大的站点出入口的还车区域较小，非机动车占据路面自行车停放区域后，居民只能选择插空或在人行过道处停放共享单车，影响行人通行（图7-7）。共享单车运营公司可根据时间变化自动调整还车区域划分（图7-22），例如在早高峰、晚高峰时段自动扩大停车范围。部分建成站点出入口邻近十字路口，站点能有效停车的空间较少，很容易占据人行道，可以通过地上停车区域划分或共享单车还车区域划分加以引导，明确划分人行道与停车范围。同时，可考虑在轨道站点上方架高非机动车停车场，充分利用站点周围空间，解决非机动车停车难的问题（图7-23）。在城市

图7-20　站点入口遮阳挡雨设施

（图片来源：《城市轨道交通站点周边地区设施
空间规划设计导则（征求意见稿）》）

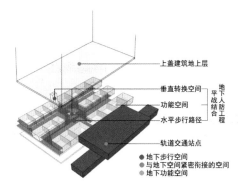

图7-21　站域商业综合体地下空间构成

（图片来源：马杰茜. 地铁站域商业综合体地下
空间步行引导性设计研究［D］. 成都：西南交
通大学，2020. ）

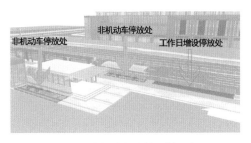

图7-22　非机动车停放区域示意图

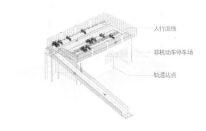

图7-23　架高非机动车停车场

外围区域，可设置非机动车行驶更加方便的专用道，提升非机动车的通行能力。例如在回龙观至上地之间设置的自行车道专用道（图7-24），只需 26 分钟，市民就可以从昌平回龙观至海淀上地，大大减轻了两个区之间的交通压力，让一亿一千六百多名"通勤族"受益。

完善公交与轨道站点接驳作用，北京较多地铁站出口与公交站点并未形成体系，中心区轨道站出站口附近虽均有公交站分布，但通常有一小段距离，且标识不清，导致不熟悉周边环境的人往往需要借助手机导航才能寻找到特定公交站，因此公交站点应尽量靠近轨道站点出口设立，可在站点出站口设置公交线路指示牌（图7-25），让乘客可以方便快捷的了解每一出站口周边的公交线路；许多站点出口处有地图公告栏，但平面地图对于多数人来说并不容易看出来，可在出口地面表明方位，同时引入智慧公告栏（图7-26），乘客说出自己想要去的位置，屏幕会自动显示路线及方位，

图7-24　回龙观－上地自行车专用道
（图片来源：网络）

图7-25　出站口指示牌示意图

图7-26　智慧公告栏示意图

图7-27　轨道交通站点周边临时停靠站规划
设计正例
（图片来源：《城市轨道交通站点周边地区设施
空间规划设计导则（征求意见稿）》）

以方便不会使用手机导航的人。

　　机动车接驳的情况讨论相对较少，但在城市外围区公共交通线路网较为分散、站点数量较少，汽车接驳可以使距离站点较远的居民享受到站点周边同样的便利。机动车接驳主要包括私家车和出租车。现有站点中极少站点拥有出租车临时泊车位，路边临时停车既不安全又容易阻碍交通，应设置港湾式出租车临时落客区（图7-27）。私家车接驳需要设置接驳停车场，通过显著性因素影响分析发现，停车场数量对城市外围区域早高峰进站、晚高峰出站客流多为正向影响，对早高峰出站、晚高峰进站客流同为正向影响，但影响程度较小，因此在城市外围的轨道站，尤其是终点站周边设立停车场。停车场可与高架桥或人行过街通道相结合，同时设立部分电动汽车充电桩，以应对新能源汽车的使用，提高该地区居民选择轨道交通出行的概率。南邵站周边分布了大量停车场，但是早高峰进站客流较小，停车场数量对客流的影响程度同样较小。因此，不仅要丰富接驳停车场建设，可降低轨道站点接驳停车场的收费标准，例如停车可获得一次当日不计里程的免费乘坐轨道站点单程票。

7.5　典型站点建成环境更新策略

通过问题站点总结发现，化工站同时存在早高峰客流较少以及建成环境对客流解释力较差的情况。通过化工站周边的设施分布和土地利用情况发现，其周边建成环境较为丰富，但建成环境对于客流解释力较差，站点高峰客流较少，因此选取该站点作为典型站点，提出更新设计策略。化工站位于北京市朝阳区中南部、北京地铁 7 号线（北京西站—环球度假区）沿线，非换乘站。由于化工站位于原北京化工二厂旧址东侧而得名。化工二厂以生产基本化工原料为主，1958 年 4 月建厂，是国内氯碱行业大厂，2007 年关闭搬迁。该站点于 2014 年 12 月 28 日启用，现设有 A、C、D 三个出入口。化工站周边建成环境对通勤客流的影响系数，如图 7-28 所示。从图中可以看出站点周边的办公设施密度、容积率、道路密度、出入口数量、停车场数量、公交线路密度、停车场平均收费、人口密度、站点为换乘站的增加，都会对客流增加产生

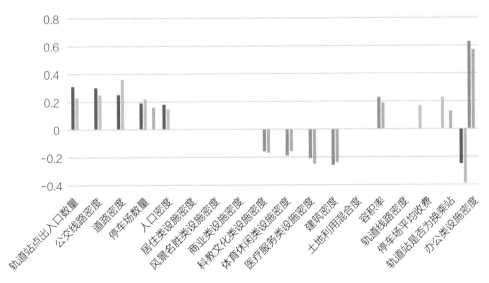

图7-28　化工站周边建成环境对通勤客流影响系数

积极影响；科教文化、体育休闲、医疗服务类设施密度、建筑密度的增加，都会对客流增加产生消极影响；化工站属于站点客流较低站点，因此应通过建成环境更新达到吸引客流和增加客流的目的。

7.5.1 密度多样性和设计方面

1. 设施现状

化工站周边 1000m 为半径的范围内，办公类设施分布较分散；居住类设施较多，但存在部分新建住区未使用情况；商业类设施多为 2~3 层，多数为便利商店、独立工作室类型；站点周边拥有大量的文化创意园区，包括 813 文化创意园、创1958 园区、竞园艺术中心等；该范围内还包括一处郊野公园，官庄公园以"乡愁"为主题进行建设，保留"老街记忆"；科教文化类设施占比较小，包括幼儿园、中学；站点出入口近邻存在建材公司和部分空闲地；化工站周边地块面积较大，现有道路存在断头路、道路宽度不足等现象。化工站点周边部分设施现状如图 7-29 所示。

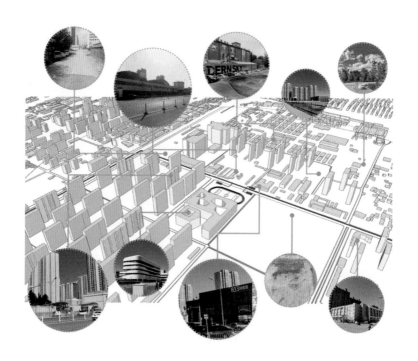

图7-29 化工站周边部分设施现状

2．更新策略

化工站周边包含大量的文化创意园和以"乡愁"为文化的郊野公园，因此将该站点周边发展定位为文化引导下的综合性站域。站点主要目的为产出和吸引客流，重点提升站点周边的办公类设施密度，同时增加土地利用混合度，提高土地利用率和建筑容积率，完善道路设施。通过对站点周边建成环境的用地分类进行调整（图7-30），进而影响该区域范围内的各设施密度，提高站点周边用地多样性。更新现有办公、商业类设施，将其整合为商办综合体，提高建筑容积率。站点出入口处的工业仓储设施既影响城市风貌和环境，对客流也没有促进作用，因此建议将该设施改建到外围区域，将原有工业仓储改造为集商业、文化为一体的站域形象空间，保留原有厂房将其改造为文化商业设施，运用绿植等生态技术，将搅拌站等工业设施充分利用（图7-31），打造一个以"绿色工业"为主题的文化游园，在原有钢材储备空地加建商务办公设施，运用绿色建筑技术，与文化游园呼应。保留原有科教文化类设施，站点D口西侧未使用地块布置大型商业办公综合体（图7-32），将轨道线路出入口直接置入商业办公综合体中，提升该区域的办公设施密度和容积率。将现有断头路进行连通，增加次干路和支路、拓宽部分道路，完善道路设施。

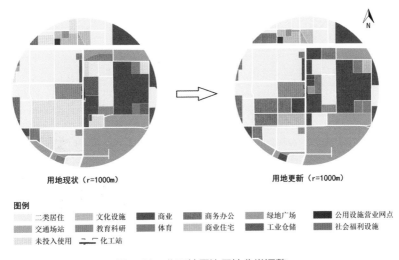

用地现状（r=1000m）　　　　　　　用地更新（r=1000m）

图例

二类居住　　文化设施　　商业　　商务办公　　绿地广场　　公用设施营业网点

交通场站　　教育科研　　体育　　商业住宅　　工业仓储　　社会福利设施

未投入使用　　化工站

图7-30　化工站周边用地分类调整

图7-31   搅拌站更新改造示意图

（李媛. 让混凝土搅拌站"蝶变"园林公园［J］. 中国建材，2022，No. 476（08）：116-117.）

图7-32   商业办公综合体示意图

（图片来源：网络）

7.5.2　可达性和接驳交通方面

1. 接驳交通现状

通过现状调研可以发现，化工站出入口共三个，且均为独立式出入口（图7-33）。其中，化工站 D 口站前留有小片空地，有机动车停放，周边有共享单车泊车点。化工站 A 口出入客流相对较大，A 口前存在较小空地，人行道上停放自行车，并以共享单车为主。化工站 C 口周边空地较少，人行道上有共享单车停放。在 A 口和 C 口周边，分别设有 569 路公交停靠站。整体来看，化工站出入口与周边环境缺乏联系，出入口周边固定非机动车、机动车停放位置较少，停放较为杂乱。站点周边只有创意园区配建的公共停车场。

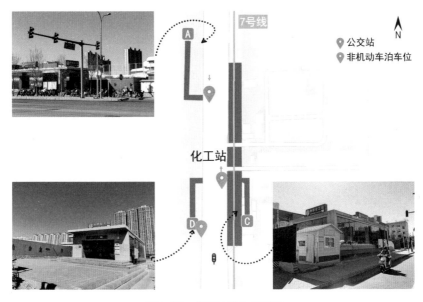

图7-33　化工站出入口现状

2. 更新策略

对轨道站点出入口、接驳交通等方面进行更新改造（图 7-34）。①增加轨道站点出入口与周边建筑的连通度，将规划建设的商业办公综合体与轨道站点出入口规划相结合，站点直接接入商务办公综合体和文化商业区；进一步丰富轨道线路建设。②在轨道站点出入口周边划定非机动车泊车区域，完善非机动车专用道的连续

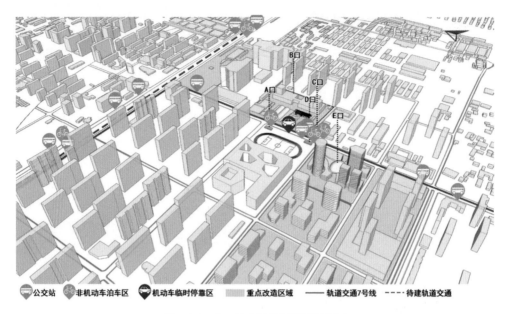

图7-34   化工站交通接驳更新示意图

性（图7-35）。③增加公共停车场数量，在原有交通场站的基础上改建立体停车楼，利用站点周边的科教文化、商业、办公、公园广场设施的开发构建地下公共停车场。④增加出租车、网约车换乘临时停靠区。⑤进一步丰富该路段的公交线路数量，在轨道站出入口增加指向路牌，为不影响公交车停靠站台，出租车临时停靠区应布置在公交站点车流方向后，因此调整现有公交站点布置位置，便于换乘。⑥适当提高公共停车场收费标准，引导居民乘坐公共交通出行。

图7-35   化工站D口效果图

第三部分
建成环境与网约车出行需求

—————— 第8章 ——————

网约车出行需求研究背景与意义

8.1　研究背景

自工业革命以来，全球科学技术与工业化水平显著提高，人类活动规模也在迅速扩张。许多地区不顾碳排放的急剧增加，以牺牲生态环境为代价换取经济的短暂增长，导致全球气候变化加剧。1972年，联合国气候大会各成员国签署并通过了《斯德哥尔摩宣言》，首次将环境问题列为全球重大议题。2022年5月，世界气象组织在《2021年全球气候状况》报告中指出，全球温室气体浓度再创历史新高，也再一次证实如果不采取有效措施，人类活动将对全球生态系统造成严重且不可逆的危害。中国在应对全球气候变化问题上提出碳达峰、碳中和的发展目标，并推进"1+N"政策体系的落实，促进经济社会发展全面绿色转型。交通运输业作为温室气体的主要排放源之一，近年来在城市交通绿色转型中扮演着重要角色。《2021中国生态环境状况公报》显示，全国339个地级市及以上城市的空气污染物浓度均有所下降，其中交通运输业在降低碳排放的过程中成效显著。因此，合理引导交通运输业发展转型，处理好城市环境与交通系统之间的关系，对城市交通绿色低碳发展具有重要意义。

随着共享经济在城市交通领域的盛行，网约车作为一种新兴的共享交通出行方式应运而生，并得到迅速发展[95]。网约车出行旨在利用快速、精准的实时定位功能为出行者提供个性化、多样性的出行服务，并逐渐成为城市交通系统的重要组成部分[96]。截至2022年6月，我国网约车用户规模已达到4.05亿，占网民整体的38.5%[97]。作为绿色出行的主要方式之一，网约车与传统出租车相比，能够为出行者提供便捷、舒适的出行体验，且普遍具有更低的空载率和油耗，在降低居民出行碳排放的同时，改善城市环境质量[98]。此外，网约车依托互联网平台为居民提供门到门服务，使获取到的交通出行位置信息更加准确，有利于探究网约车出行的影响因素。受疫情影响，加之网约车市场监管力度趋严，2017年至2021年网约车客运量占比呈现先增长后下降的趋势（图8-1）。随着后疫情时代的到来，网约车需求逐渐回升，高峰时段"打车难""等车久"现象日益凸显。如何引导网约车出行需求与供给之间

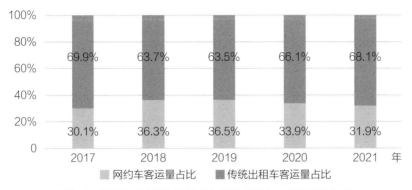

图8-1　2017~2021年网约车与传统出租车客运量占比情况

的动态平衡，探究网约车出行需求与建成环境之间的关系，是目前亟待解决的问题。

　　建成环境作为城市中受人类行为及政策影响的人为环境，在城市规划与交通领域应用广泛。在城市发展历程中，建成环境、居民出行行为及交通出行特征之间的关系十分紧密（图8-2）。建成环境种类、数量及空间分布的变化一定程度上影响当地居民的出行行为，导致该地区交通出行特征的改变，进而对未来建成环境的规划建设提出新要求。随着大数据时代的到来，数据获取技术得到提升，建成环境的范畴被不断拓展，逐渐发展为一套相对完整的理论体系。除此之外，研究中所使用的模型与方法，也随着时间的推移与技术的提升不断更新演变。对于如今复杂的城市交通环境与多样化的网约车出行需求，利用传统回归模型分析建成环境对网约车出行的影响，已无法准确解释网约车的实际情况。因此，为缓解城市交通拥堵、提高城市环境质量，需要利用更先进的回归模型和更严谨的分析手段，重新审视建成环境与网约车出行需求之间的关系，为网约车管理系统的优化及城市空间的精细化治理提供依据。

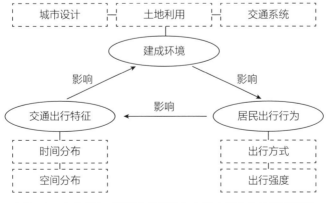

图8-2　建成环境、居民出行行为与交通出行分布关系示意图

8.2 研究意义

8.2.1 理论意义

（1）在网约车出行相关变量的选取上，基于"滴滴出行"提供的大量网约车出行数据，对网约车出行时空特征进行分析，有利于确定网约车出行高峰时段及空间分布规律。结合建成环境相关研究理论，选取与网约车出行需求密切相关的建成环境因素，构建建成环境数据集，丰富建成环境因素在网约车相关研究中的应用，使变量选取更加全面、分析结果更加科学。

（2）在符合网约车出行需求的最佳空间单元划分上，由于网约车出行需求与建成环境因素在空间上存在差异，不同空间尺度下的模型回归结果不尽相同，考虑可塑性面积单元问题，将研究区域划分为不同尺度大小和分区形状的空间单元，对比各空间单元划分下的模型拟合优度，以确定拟合效果更佳的空间单元，扩展了可塑性面积单元问题在网约车出行需求影响因素研究中的应用，为网约车相关研究中空间单元的选取提供参考。

（3）在弹性分析及建成环境因素空间异质性的探讨上，将多种回归模型应用到网约车及建成环境相关研究中，对比不同模型回归结果，确定模型精度更高、更符合网约车出行需求的空间回归模型，丰富了空间回归模型在网约车相关领域的应用。在此基础上，探究建成环境对网约车出行需求的弹性影响程度及其空间异质性，对网约车出行需求的预测及建成环境的资源整合具有重要意义。

8.2.2 实践意义

相比于传统出租车，网约车有效避免了以往供需失衡的状态，但仍然无法解决高峰时段交通拥堵的问题。作为互联网时代的产物，如何引导和规范网约车未来发展方向，优化网约车资源调度，改善网约车出行体验是目前关注的重点。其目的在于深入了解网约车出行需求以及与建成环境的关系，为政府决策、城市规划、交通管理及居民日常出行提供依据和参考。主要体现在以下几点：

（1）对于城市规划与政策制定者，对建成环境及网约车出行需求之间的关系进行分析，发掘网约车出行中存在的问题。根据建成环境初步预测网约车客流需求，对可能出现的交通热点区域及时提出解决方案，有助于深入了解网约车出行方式对城市发展的影响，并以此为基础制定相应的政策和措施，提升城市发展质量及居民生活质量。

（2）对于网约车运营商，面对市场竞争的不断加剧，通过研究网约车出行需求影响因素，可以更好地了解消费者对出行方式的需求和偏好，有利于网约车经营策略的调整与服务模式的优化，为平台订单预测及车辆调配提供参考，实现有限资源的高效利用，以此扩大经济效益。

（3）对于社区管理部门，深入了解建成环境对网约车出行需求的影响，有利于提升服务水平和管理能力，根据建成环境的影响范围及不同区域的影响程度，制定区域更新策略及社区管理办法，更好地为城市居民服务。

（4）对于网约车司机及城市居民，根据周边建成环境实际情况，预测高峰时段网约车出行需求密集区，降低空车巡游时间，提高出行服务效率。同时，能够方便居民日常出行，为其提供更优的出行方案，提高出行体验及生活质量。

8.3　相关概念介绍

8.3.1　网约车出行与发展概况

网约车也称作网络预约出租汽车，最早诞生于 2009 年的美国 Uber 公司。与传统巡游出租汽车相对应，网约车主要是以互联网和大数据技术为依托，通过构建出行服务平台来整合交通供需信息，为出行者提供非巡游的预约出租汽车服务[99]。作为传统出租车市场的补充，网约车服务涵盖专车、快车、顺风车等多种类型，其优势在于等待时间短，服务体验佳，且价格相对较低。同时，网约车通过解决从出发地到公共交通节点的第一公里问题，以及公共交通节点到目的地的最后一公里问题，提高公共交通吸引力，有效填补了公共交通无法解决的短途出行需求空白。

表 8-1 为网约车发展阶段及主要政策事件汇总，可以看出，网约车发展目前经历了初步探索期、市场启动期和高速发展期三个阶段，网约车市场管理也由早期的政策放任向规范化方向发展。根据图 8-3 中近年来全球网约车用户规模的变化趋势来看，网约车的用户规模正在逐年攀升，而增速有所放缓，网约车出行正由高速扩张向高质量发展转变。随着 5G 时代正式开启，无人驾驶技术的信息收集回传效率也得到大幅提升，在传统网约车竞争之际，无人驾驶网约车将成为未来新的发展方向。

网约车发展历程及相关政策事件   表8-1

发展阶段	时间	政策文件	主要事件
初步探索期	2010~2014年	暂无相关政策	2010年5月，易道用车在北京成立；2012年，滴滴、快的等平台相继出现；2014年，Uber正式进入中国，嘀嗒拼车成立，网约车行业迎来全面启动阶段
市场启动期	2015~2016年	①国务院印发《关于深化改革推进出租汽车行业健康发展的指导意见》 ②交通运输部等印发《网络预约出租车经营服务管理暂行办法》	2015年，网约车在国内得到合法地位，神州、首汽、曹操专车相继上线，滴滴和快的宣布合并，市场初步洗牌；2016年8月，滴滴出行宣布收购Uber中国，网约车行业逐渐形成一家独大局面
高速发展期	2017年至今	①交通运输部印发《网络预约出租汽车运营服务规范》 ②交通运输部印发《关于维护公平竞争市场秩序加快推进网约车合规化的通知》 ③国家三部委印发《智能网联汽车道路测试与示范应用管理规范（试行）》	2018年，嘀嗒出行、美团打车、高德顺风车等相继入场，网约车市场竞争继续加剧；2021年7月，国家网信办连同多个部门对滴滴出行开展网络安全审查；2023年1月，滴滴出行宣布恢复新用户注册，网约车行业保持高速发展

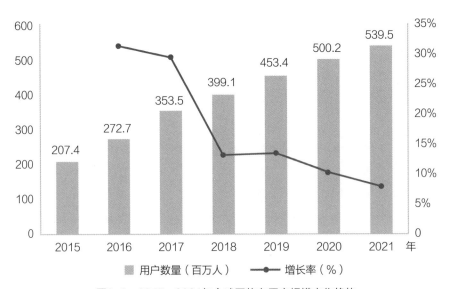

图8-3 2015~2021年全球网约车用户规模变化趋势

8.3.2　可塑性面积单元问题

可塑性面积单元问题（Modifiable Areal Unit Problem，MAUP）最早由 Openshaw 提出，是指分析结果随不同空间单元划分而发生变化的问题，表示其对空间划分的敏感程度。作为空间统计分析中不可避免的基本问题，MAUP 主要体现在尺度效应和分区效应两个方面[100]。尺度效应是指不同空间单元的大小，例如不同网格分辨率；而分区效应主要与空间单元的形状有关，例如 TAZ、泰森多边形等不同空间划分方法。图 8-4 为尺度效应与分区效应的概念示意，受尺度效应和分区效应的影响，在对同一区域相同位置的数据进行空间集计时，不同空间划分方法可能导致空间分析结果的不一致，从而产生不同甚至完全相反的结论[101]。较大的空间尺度，可能忽略了数据的具体位置，使分析结果不够详尽；而较小的空间尺度，可能会阻断数据之间的联系，影响模型精度。因此，为了使信息损失更小且空间分析结果更精确，需要对不同空间划分方法进行详细探讨，以得到模型精度更佳、更符合实际情况的空间划分方法。

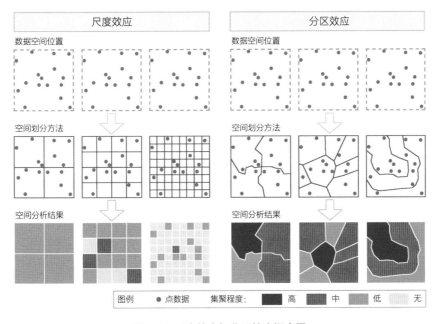

图8-4　尺度效应与分区效应概念图

—— 第 **9** 章 ——

建成环境与网约车出行需求相关研究

9.1　网约车出行相关研究

随着近年来网约车的快速发展，传统出租车需求受到很大程度的影响[102]。作为传统出租车与互联网结合的产物，网约车的出行方式、出行目的和出行特征与传统出租车相似，两者之间存在一定重叠[103]。因此，传统出租车的许多研究视角、研究方向与研究结果对网约车的研究同样具有借鉴价值。目前，国内外针对网约车的研究主要集中在网约车的出行特征与影响因素、需求预测与路径规划、环境治理与政策管理三个方面。

1. 网约车出行特征及影响因素研究

出行特征方面，国内外学者主要从时间和空间两个维度探究居民出行规律，挖掘城市交通热点区域[104, 105]，相关研究主要集中在北京[106]、南京[107]、上海[108]、韩国首尔[109]、美国纽约[110]等现代特大城市。影响因素方面，从兴趣点、土地利用、建成环境、人口社会经济属性等多角度，探究影响网约车出行需求的显著因素。相关文献及研究内容，见表9-1。

2. 网约车需求预测与路径规划研究

为提高网约车运营管理能力及资源利用效率，对网约车需求量进行精准预测并规划最优路径，一直是交通领域研究的重点[120]。需求预测方面，以往学者通过分析历史数据来预测网约车未来发展趋势，随着机器学习和深度学习技术的发展，逐渐应用于网约车需求的预测。路径规划方面，网约车与传统出租车具有不同的目标[121]，网约车更加强调乘客体验，在满足乘客出行舒适便利的同时使利润最大化，而传统出租车更加关注如何降低空载率，并检测司机的异常驾驶活动。相关文献及研究内容，见表9-2。

网约车出行特征及影响因素相关文献　　　　　　　　　　　　　　　表9-1

研究方向	作者	研究内容
网约车 出行特征	Shen等[107]	分析出租车上下车位置热点区域，发现出租车出行在时间上具有日节律性，在空间上呈现由中心向边缘郊区递减的格局，且这一格局随时间的变化差异较大
	Si等[111]	利用结构方程模型（Structural Equation Model，SEM），发现随着收入的增加，乘客更倾向于选择网约车出行，且以短时出行为主，而长途出行选择出租车的概率更大
	Zhang等[112]	发现乘客出行更倾向在市中心和交通条件良好的区域叫车
	何小波等[113]	利用核密度分析、空间聚类和统计分析等方法，挖掘居民热点区域及轨道站点间的出行特征
	羊琰琰[114]	采用核密度聚类算法，分析宁波市居民出行规律及热点区域，发现热点等级最高的区域并不一定是寻客推荐度最高的区域
	高永[115]	对比疫情前后网约车出行特征，发现疫情暴发后网约车出行量减小，出行距离增长，且出行目的多以就医、长途接送为主，娱乐需求大幅降低
网约车 影响因素	Liu等[116]	利用出行需求、距离、天气条件和兴趣点特征对网约车出行行为进行定性描述，并利用多元线性回归模型进行定量分析，发现大多数网约车为中距离出行，且恶劣的天气条件对网约车的使用具有积极影响
	Gu等[117]	发现价格、服务质量对网约车出行行为具有显著影响，且随年龄及月收入的不同而有所差异
	刘鑫等[118]	基于多项判定模型，证明年龄、职业、学历、家庭收入及私家车拥有情况等社会经济属性对网约车的选择具有积极影响
	张斌[119]	利用有序Logistic回归模型，分析兴趣点与网约车出行强度之间的关系，发现交通设施是最显著的影响因素

网约车需求预测及路径规划相关文献　　　　　　　　　　　　　　　表9-2

研究方向	作者	研究内容
网约车 需求预测	贾兴无[122]	分析南京市网约车出行需求时空特征，利用WAVE-SVM耦合模型预测网约车出行需求
	Jiang[123]	基于以往出行数据，利用反向传播神经网络模型对交通需求进行预测
	Niu等[124]	提出了一种基于长短期记忆网络和卷积神经网络的新型L-CNN神经网络，并建立实时预测模型对潜在乘客出行需求进行预测
网约车 路径规划	Wang等[125]	提出了一种基于道路网络路径规划框架，以满足乘客对高质量出行便利性与经济性的需求，用于辅助未来城市管理及交通规划
	郑渤龙等[126]	利用深度强化学习模型感知路网中的供需分布，对网约车进行实时的位置调度，以实现出行路径的动态规划
	王博然[127]	通过分析出租车轨迹与导航推荐路径之间的差别，提出基于司机出行经验的最优路径算法，以提高网约车的运营效率

3. 网约车环境治理与政策管理研究

环境治理方面，交通运输业所产生的空气污染已造成严重的城市环境问题[128, 129]，降低城市交通排放，推进相关政策的制定，为城市基础设施优化及低碳交通出行的实施奠定基础。政策管理方面，随着网约车的激增，其合法化、规范化问题一直受到社会的高度关注，传统出租车发展政策已无法适应网约车的高速发展[130]，挖掘网约车新政成为国内外学者的研究重点。相关文献及研究内容，见表9-3。

网约车环境治理与政策管理相关文献   表9-3

研究方向	作者	研究内容
网约车环境治理	Zeng等[131]	评估网约车对环境的影响，提出网约车温室气体排放评估模型，并对2030年网约车温室气体排放量进行预测，为政府环境治理工作提供参考依据
	Sui等[98]	对比网约车与传统出租的燃油消耗及碳排放量，发现网约车在节油减排方面表现较好，为交通政策制定和低碳出行模式的推广提供支持
	赵鹏飞[132]	发现网约车的出现同样加剧了城市环境污染，但网约车相关政策的制定对提升环境质量具有显著效果
	韩印等[37]	基于成都市网约车轨迹数据，利用COPERT机动车排放模型量化网约车排放量，分析其时空分布特征，为网约车管理和环境影响评估提供科学方法
网约车政策管理	Dudley等[133]	梳理美国Uber公司的发展经历，提出网约车政策的制定应当重视其经济发展与提高灵活出行服务为目标
	Beer等[134]	研究美国网约车相关政策，从网约车司机与网约车平台两个角度提出优化建议
	Gao和Chen[135]	以中国网约车服务为研究对象，了解和评估相关政策的实施效果，发现公共政策对减少交通风险具有显著影响
	肖利华[136]	利用多源流理论解析网约车新政，发现网约车的诞生推动出租车行业改革，使出行市场发生积极的变化
	杨曌照等[137]	对比武汉市网约车与出租车发展现状，对其发展政策进行研究和总结，并测算出行规模，提出管理策略和实施建议

9.2　建成环境对网约车出行需求影响研究

建成环境作为城市发展的物质基础及人类生活的空间载体，在城市交通领域发挥着重要作用。目前对网约车出行需求影响因素的研究主要从出行价格[138]、服务满意度[139]等内部因素及人口、交通、土地利用等建成环境外部因素两个方面展开。随着数据获取技术的提高，建成环境也开始向更为复杂的兴趣点（Point of Interest，POI）数据延伸，逐渐成为影响网约车出行的主要因素[140]。

国外对建成环境的研究起步较早，Ewing 等人[3, 4]对已有建成环境因素进行整理和归纳，总结为"5D"维度。随着城市交通与建成环境的关系日益密切，许多学者从建成环境"5D"维度出发，探究建成环境对交通出行需求的影响[141-145]。国内对建成环境的相关研究目前正处于上升阶段，主要以设施 POI 密度、道路密度及公交可达性等因素为主[146-148]。在考虑"5D"维度的基础上，塔娜[149]等还将个人特征及社会经济属性考虑其中。对影响交通出行需求的建成环境因素进行汇总整理，见表 9-4。从建成环境"5D"维度来看，既有研究大多只考虑了建成环境中的某些维度，在建成环境因素的选取上并不够全面。对比发现，既有研究更多地考虑密度维度中相关影响因素对出行需求的影响，其中对各类设施 POI 密度的关注度最高，其次是人口密度，而相关研究对目的地可达性维度的讨论较少，需要在未来研究中进行综合考量。

9.3　空间划分方法与回归模型相关研究

在网约车相关研究中，空间分析结果的准确性离不开对空间划分方法的选择。相关研究表明，由于空间划分尺度的大小和分区方法的不同所产生的可塑性面积单元问题（Modifiable Areal Unit Problem，MAUP），是交通出行研究中必不可少的基本问题[89, 150]。尽管以往研究已经证实 MAUP 在空间分析中的重要性[151]，但目前仍缺乏对 MAUP 潜在影响的关注。在空间单元的划分上，既有研究多采用网格[143-145]、交通分区（Traffic Analysis Zone，TAZ）[142, 147, 148]或泰森多边形[11]等单一空间单元对变量进行集计分析。集计就是将个体属性根据某一区域范围进行汇总统计，再利用不同回归模型分析该区域内变量之间的关系[152]。在城市轨道交通方面，Wang 等[153]比较不同尺度的圆形缓冲区以及圆形缓冲区与泰森多边形的叠加范围两种分区方法划分下的模型结果，探讨最优空间尺度下建成环境与地铁站出站客流量之间的关系。在网约车出行研究方面，Zhao 等[145]通过划分不同网格尺度来探讨建成环境对网约车客流量强度的影响，但该研究仅讨论了不同空间单元的尺度效应，缺乏分析网格、交通分

相关文献中涉及的建成环境因素汇总结果　　　　　　　　表9-4

维度	建成环境影响因素	相关文献								
		Li等[141]	Yang等[142]	Wang等[143]	Zhang等[143]	Zhao等[145]	张煊等[146]	翁剑成等[147]	黄子杰[148]	塔娜等[149]
密度	人口密度	●	●	●		●				
	就业密度		●			●			●	
	建筑密度					●	●			
多样性	设施POI密度	●	●		●	●	●	●		●
	土地利用混合度	●		●		●				
设计	容积率			●			●			
	道路密度	●		●		●	●		●	
	街区平均尺寸		●							
目的地可达性	至CBD距离	●	●							
交通距离	公交可达性		●	●	●	●	●	●	●	●
	地铁可达性		●						●	
个人特征属性	性别/年龄/受教育水平			●						●
社会经济属性	个人收入									●
	平均房价								●	

注：●表示文献中所涉及的建成环境影响因素

区和泰森多边形等多种空间划分方法对回归模型结果的差异影响。

在回归模型的应用上，既有研究多采用普通最小二乘法（Ordinary Least Square，OLS）[142]和有序逻辑回归（Ordinal Logistic Regression，OLR）[154]等广义线性回归模型比较不同建成环境的影响程度。也有研究采用地理加权回归（Geographically Weighted Regression，GWR）[110, 143]和时空地理加权回归（Geographically and Temporally Weighted Regression，GTWR）[144, 148]等空间回归模型，通过不同位置回归系数反映建成环境对交通出行的影响。但由于各变量的量纲不同，缺少对建成环境与网约车出行需求之间弹性关系的探讨。弹性是指自变量变动所引起因变量变化的相对程度[155]，通过弹性分析能更准确地理解建成环境与网约车客流需求之间的内在关系。Wang等[143]通过对各变量进行对数化处理，结合GWR模型分析建成环境对网约车客流需求的影响，但受回归模型的限制，其结果解释力较弱，且无法反映不同变量间的空间尺度差异。而多尺度地理加权回归（Multi-scale Geographically Weighted Regression，MGWR）的出现有效弥补了这一不足，使所有变量具有各自独立的最优带宽，以得到更接近实际的空间回归结果[75]。许多研究证实，MGWR模型相比OLS与GWR模型的拟合优度更高，结果更可靠[156]。目前MGWR模型广泛应用于环境科学领域[80]、公共卫生领域[157]及城市房价影响机制[158]的研究中，在交通领域主要围绕建成环境对交通事故[159]及城市轨道交通[22, 153]的影响。随着网约车的快速发展，大量文献从不同空间划分角度，利用不同模型方法对网约车需求影响因素进行探究。表9-5从研究区域、因变量、模型方法、空间单元及研究结论五个方面，对相关文献进行汇总，发现既有研究对空间单元的选择较为单一，且主要利用传统回归模型探讨交通出行与建成环境之间的关系。

9.4　国内外研究小结

综上所述，国内外学者对于网约车的出行特征与影响因素、需求预测与路径规划、环境治理与政策管理等方面进行了大量的研究，同时也存在以下几点不足：

在建成环境因素的选取上，既有研究一般参考"5D"维度对影响因素进行选取，但目前对"5D"维度下的建成环境因素缺乏统一的分类标准，研究者可根据个人理解和研究需要进行选取。同时，不同建成环境因素的数据获取难度存在差异，导致建成环境因素的选取不够全面，需要对其进行综合考量。因此，本书综合以往研究对建成环境因素进行补充，考虑社会经济属性构建建成环境数据集，更详细地了解网约车出行与建成环境因素之间的关系。

在空间单元的划分上，既有研究主要从单一尺度或不同网格尺度进行空间单元划分，缺乏考虑 MAUP 对建成环境与网约车出行需求的影响。MAUP 如何影响两者之间的关系，哪种空间单元划分下的模型拟合效果更佳，目前仍缺乏相关实证研究。

在模型方法的应用上，既有研究大多利用 OLS、GWR 等传统模型探讨建成环境对网约车出行需求的影响，缺乏利用 MGWR 模型对网约车出行需求与建成环境因素之间的弹性关系及其空间异质性进行探讨。

因此本书考虑 MAUP 效应，对比不同空间尺度与分区方法划分下的模型拟合优度，确定最佳空间单元。在最佳空间单元划分下，将弹性分析与 MGWR 相结合，分析网约车出行需求与建成环境之间的弹性关系，并探讨建成环境对网约车出行需求的相对影响程度及空间异质性。

网约车及传统出租车相关文献汇总　　表9-5

作者	研究区域	因变量	模型方法	空间单元	研究结论
Bi等[160]	成都市	网约车上下车客流量	GWR	泰森多边形	利用GWR模型在空间和时间维度上验证建成环境对网约车客流量的影响
Shen等[107]	南京市	出租车上下车密度	多元回归模型	泰森多边形	出租车时空分布随时间变化明显，在时间上具有日节律性，在空间上由中心向外围逐渐递减
薛佳文[106]	北京市	出租车客流量	OLS, GWR	500m×500m网格	出租车出行分布受设施POI密度和交通设施密度的影响，且影响程度随时间变化
Nam等[109, 110]	韩国首尔	出租车客流量	OLS, GWR	500m×500m网格	在城市不同区域，出租车客流量、建筑面积、人口及就业高度相关
Qian和Ukkusuri[14]	美国纽约	出租车客流量	OLS, GWR	邮政编码制表区(ZCTA)	GWR模型在模型拟合优度和解释精度上均优于普通最小二乘模型，城市形态对出租车客流量有显著影响
于乐等[140]	深圳市	网约车通勤出行量	空间杜宾误差模型	TAZ	建成环境在居住地附近的影响因素更多，在就业地附近的影响程度更大，增加公交站点数量能够有效减少网约车通勤需求
Li等[141]	成都市	网约车客流量	空间杜宾模型与混合地理加权回归	500m×500m网格	利用空间杜宾模型与混合地理加权回归模型，从空间相关性和空间异质性两个角度分析建成环境对网约车出行的影响
Yang等[142]	美国华盛顿哥伦比亚特区	出租车上下车密度	OLS	TAZ	出租车需求、土地使用和其他模式的可达性之间存在较强联系，混合土地使用与出租车需求的相关性不强

续表

作者	研究区域	因变量	模型方法	空间单元	研究结论
Wang和Noland[143]	成都市	网约车上下车客流量	OLS, GWR	200m×200m网格	人口密度、道路密度、容积率、房价与地铁距离与网约车客流量呈正相关
Zhang等[144]	厦门市	出租车客流量	OLS, GWR, GTWR	500m×500m网格	与OLS和GWR模型相比，GTWR模型在模型拟合和解释精度方面表现最好，道路密度会抑制出租车出行，公交出行与出租车出行存在一定竞争
Zhao等[145]	成都市	网约车客流强度	OLS, GWR, MGWR	500m~5000m每隔500m划分网格	建成环境对网约车出行强度的影响随网格尺度的不同，表现出不同的空间特征，随着网格尺寸的增大，对出行强度有显著影响的建成环境因子数量不断减少
翁剑成等[147]	北京市	出租车出行需求	OLS, GWR	TAZ	GWR模型具有较高的精度，且出租车出行需求空间分布具有集聚效应
黄子杰[148]	上海市	网约车需求量	OLS, GWR, GTWR	TAZ	GTWR模型的拟合效果更好，网约车需求影响因素具有明显的时空异质性
Zhang等[154]	成都市	网约车出行强度	有序逻辑回归	经纬度粒度为0.002的网格	不同类型的POI对网约车出行强度的影响不同，其中交通设施密度对网约车上下车出行强度的影响最大，其次是景区密度
Chen等[161]	上海市	出租车客流量	半参数地理加权泊松回归	500m×500m网格	半参数地理加权泊松回归模型的拟合优度高于广义线性模型，建成环境对出租车需求具有空间异质性与时间差异性

——第**10**章——
网约车出行与建成环境相关数据处理

10.1　研究区域概况与空间单元划分

10.1.1　研究区域概况

成都市作为四川省省会，地处四川盆地西部，市辖锦江、青羊、金牛、武侯、成华、龙泉驿等 12 个区。2021 年末，成都市常住人口达 2119.2 万人，成为继重庆、上海、北京之后我国第四个常住人口超过 2000 万的城市。根据第一财经·新一线城市研究所发布的《2022 城市商业魅力排行榜》，成都已连续 7 年蝉联新一线城市榜首，与一线城市差距逐渐减小[162]。同时，成都具有庞大的商业资源和较强的经济承载能力，城市生活与商业活动高度融合，城际交通系统的完善也加强了区域间的交通往来。

作为我国西部地区重要的经济中心，网约车在成都发展较早。2016 年 11 月由成都市交通运输委员会联合印发了《成都市网络预约出租汽车经营服务管理实施细则（暂行）》相关规定，成都市锦江区建交局给"滴滴出行"正式颁发网络预约出租汽车经营许可证，标志着成都网约车经营和服务规范管理工作的开始。由于网约车出行多集中于城市中心区域，本书将成都市中心城区三环内作为研究区域，研究建成环境与成都市网约车出行需求之间的关系。研究区域主要包括金牛区、青羊区、武侯区、锦江区和成华区，总面积约 200km²。

10.1.2　空间单元划分

根据上文对 MAUP 的概述，将同一研究区域划分为不同的空间单元可能造成模型回归结果的不一致，且不同空间单元会表现出各自不同的空间分布特征[145]。对网约车相关研究进行汇总，发现既有研究在空间单元的划分上多采用不同尺度规则网格（如 500m[141]、1000m[163]）、泰森多边形[107] 或交通分区[142] 等单一空间划分方法来探讨网约车出行需求影响因素。为探究 MAUP 对模型回归结果的影响，以成都市为例，按照上一章空间单元划分原则将研究区域划分为不同尺度规则网格、泰森多边形和交通分区三种空间单元。空间单元划分示意如图 10-1 所示，其中规则网格以300m～1500m 作为尺度范围，每隔 100m 进行划分，连同其他两种分区形式，共划分为 15 种空间单元。

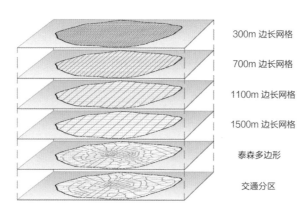

图10-1 空间单元划分示意图

10.2 网约车出行数据预处理

10.2.1 数据描述

网约车出行数据来自滴滴盖亚数据开放计划所提供的 2016 年 11 月 7 日（周一）至 2016 年 11 月 13 日（周日）一周的网约车订单数据，每条数据包括订单 ID、开始计费时间、结束计费时间、上车位置经度、上车位置纬度、下车位置经度、下车位置纬度等信息，网约车订单数据示例见表 10-1。

10.2.2 数据预处理

1. 网约车出行数据

在对网约车出行数据进行分析之前，需要对数据进行预处理，主要包括空间位置识别与匹配、缺失重复或无效数据的剔除、异常数据的处理以及数据格式的转换。

网约车订单数据示例　　　　　　　　　　　　　　　　表10-1

字段名称	字段类型	示例
订单ID	字符串	3fc1ac455a7fa1983dd9b3b32435fda9
开始计费时间	整数型	1478449860
结束计费时间	整数型	1478450393
上车位置经度	浮点型	104.0889
上车位置纬度	浮点型	30.699401
下车位置经度	浮点型	104.0782
下车位置纬度	浮点型	30.685848

（1）空间位置识别与匹配

将网约车出行数据的表格形式导入 QGIS 软件中，将坐标系设置为 WGS_1984，并根据经纬度坐标进行空间位置的识别与匹配，检验地理位置数据的准确性。

（2）缺失重复或无效数据的剔除

检查数据属性表中的订单 ID、上下车经纬度坐标等信息是否存在重复和缺失，并根据网约车出行数据的空间位置，识别位于研究范围以外的无效数据，将其剔除。

（3）异常数据的处理

原始订单数据还存在部分数据异常的问题，如乘车时间小于 1 分钟或大于 2 小时的订单，被认为是异常数据，需要将其剔除。

（4）数据格式的转换

将网约车出行数据的地理坐标系统一转换为 WGS_1984_UTM_Zone_48N 投影坐标，方便后续建成环境因素的计算。由于滴滴出行提供的网约车原始订单数据中的时间字段为 Unix 时间戳，需要将其转化为通用时间，为后续分析网约车出行时间特征做准备，转换公式如下：

$$T=（U+8 \times 3600）86400+70 \times 365+19 \qquad （10-1）$$

式中，U 为时间戳；T 为通用时间。

按照以上内容对网约车出行数据进行预处理，共得到有效数据 1318159 条。预处理后的网约车出行数据，如图 10-2 所示。

2. 建成环境相关数据

在建成环境数据集构建之前，需要对各类数据进行预处理，主要包括数据清理和

订单ID	开始计费时间	结束计费时间	上车经度	上车纬度	下车经度	下车纬度	订单乘车时间
aac4b755580be26171 b51ca399447bl5	2016/11/7 9:12	2016/11/7 9:26	104.033516	30.675198	104.07747	30.64775	14min
19c74397ecb926a4f35f 4c92f6637fca	2016/11/7 9:41	2016/11/7 9:45	104.096764	30.662092	104.11051	30.65312	4min
77b88cbbc0f697da744 853499738cal7	2016/11/7 9:51	2016/11/7 10:00	104.12267	30.64808	104.09662	30.66205	9min
77b88cbbc0f697da744 853499738cal7	2016/11/7 9:51	2016/11/7 10:00	104.12267	30.64808	104.09662	30.66205	9min
3db782c93ed1986d4e ac558303d50351	2016/11/7 10:03	2016/11/7 10:10	104.09707	30.6621	104.09174	30.67897	6min
a299dba3ele38d730e5 d2b5db5b62884	2016/11/7 10:14	2016/11/7 10:30	104.092911	30.681704	104.04359	30.684	16min
f6cb915e60d7f6b8ffc45 5d70029fe92	2016/11/7 10:36	2016/11/7 10:53	104.050485	30.687376	104.065341	30.66504	17min
891cb8e037893aa664 44af4255403e2c	2016/11/7 13:24	2016/11/7 13:47	104.14369	30.68224	104.040046	30.690016	22min
7408ecab05f21b38fbcl 0b9728b13211	2016/11/7 13:51	2016/11/7 14:16	104.04754	30.69077	104.05767	30.62038	24min

图10-2　预处理后的网约车出行数据

数据转换两个方面。数据清理是指识别和纠正数据中错误、不完整的内容，包括剔除无效数据、数据去重、填充缺失值和处理异常值等操作。数据转换是指将数据从一种格式或结构转换为另一种类型的过程，通常包括调整数据格式、转换坐标系统等。由于成都市经度范围在102°54′~104°53′，通过QGIS软件中的投影工具将WGS_1984地理坐标系转换为WGS_1984_UTM_Zone_48N投影坐标，并在软件中将所有表格、栅格等数据格式统一转换为矢量数据，便于后续的数据可视化及距离、面积的计算。

（1）设施POI数据预处理

POI是"Point of Interest"的缩写，称为兴趣点，设施POI数据广泛应用于地图导航、空间大数据分析等领域[164, 165]。通过高德地图应用程序编程接口，利用Python网络爬取技术可以在较短时间获取到大量设施POI数据，详细代码见附录1。其中包含设施名称、设施类型、详细地址和经纬度等信息，设施POI数据示例见表10-2。一般某一区域的POI种类越多，表明该区域的功能类型越丰富[166]。为研究网约车出行需求与建成环境之间的关系，选取与建成环境相关的餐饮、购物、文化、居住、办公、医疗、交通等13大类设施POI数据进行研究。

从高德地图应用程序编程接口获取到的设施POI数据量较大且分类项众多，为简化数据，对设施POI数据进行重分类（表10-3）。将功能相近的用地功能进行合

设施POI数据示例　　表10-2

设施名称	设施类型	详细地址	经度	纬度
螺鼎记螺蛳粉	餐饮服务	琉三路73号	104.096618	30.600275
盛和广场	购物服务	南三环路二段城北侧80米	104.102383	30.5983
四川省艺术中心	科研文化	华润路东250米	104.090326	30.612262
东苑停车场	交通设施	金桂路233号	104.079098	30.603983
正成科技	公司企业	南三环路三段内侧238号	104.082963	30.600576
府河小区	商务住宅	琉璃路1210号	104.091758	30.605928

设施POI数据重分类结果　　表10-3

类别	变量描述
居住设施	商务住宅、居住设施、宿舍、别墅等
商业设施	宾馆酒店、茶艺馆、糕饼店、咖啡厅、快餐厅、冷饮店、甜品店、外国餐厅、中餐厅、便利店、超级市场、化妆品店、家电市场、花鸟鱼虫市场、家具建材市场、商场、商业街、体育用品店、文化用品店、专卖店、综合市场、风景名胜、休闲场所、影剧院、娱乐场所等
办公设施	公司、知名企业、工厂等
公共服务设施	学校、培训机构、驾校、综合医院、专科医院、诊所、急救中心、博物馆、档案馆、会展中心、科技馆、美术馆、图书馆、文化宫、展览馆等

并，并剔除数据中缺失、重复和异常的部分，避免数据冗余对分析结果造成影响，整理后的 POI 数据共包括居住设施、商业设施、办公设施及公共服务设施 4 大类。对数据进行重分类，有助于提升数据的整体质量，为后续分析决策提供更加精准和更富解释力的信息。

（2）城市路网数据

路网作为城市的骨架，建立完整的城市交通路网对城市空间的塑造及建成环境相关数据的分析至关重要。首先，由于城市路网数据来自 Open Street Map，道路中包含主干道、次干道、支路、居住区内部通道、自行车道、人行道等多种类型，需要对路网数据进行清洗，保留与网约车相关的城市主要道路。其次，由于路网数据量较大，在构建交通路网时存在没有打断、相互重叠或悬挂的道路。为避免后续测量距离出现偏误，将路网数据导入 QGIS 软件进行拓扑检查，以确保数据的正确性。对成都市交通路网进行数据可视化（图 10-3）。

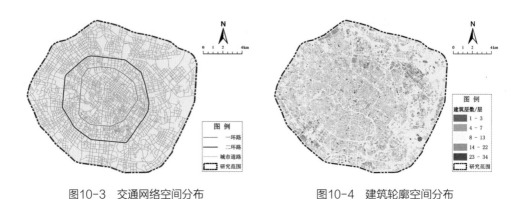

图10-3   交通网络空间分布   图10-4   建筑轮廓空间分布

（3）建筑轮廓数据

从 Open Street Map 获取的建筑轮廓数据，将数据中相互重叠及建筑层数字段缺失的数据进行剔除，重新计算建筑基底面积，为后续计算容积率做准备。根据建筑层数对建筑轮廓数据进行空间可视化（图10-4）。

（4）城市房价数据

从链家网获得成都市各住宅小区 2016 年 11 月的房价数据，由于同一住宅小区中存在多条房价数据，在 QGIS 中按小区名称对房价数据进行汇总，并计算各小区内的平均房价作为该住宅小区房价，其空间分布如图 10-5 所示。

（5）城市人口数据

人口数据来自 WorldPop 提供的 100m 精度栅格数据，通过栅格转点工具将栅格数据中的信息转为以质心点表示的矢量数据中，并根据人口数量进行空间可视化（图 10-6）。

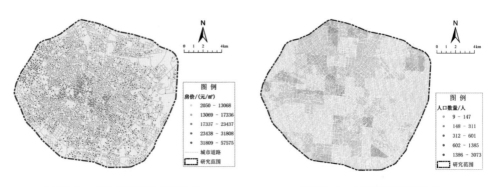

图10-5   住宅小区房价空间分布   图10-6   人口数据空间分布

10.2.3　双对数预处理

在对网约车出行需求及建成环境影响因素的研究中，由于各变量数量级和量纲的不同，直接比较两者之间的关系会存在较大偏误，影响模型结果。在模型回归分析之前，为准确衡量网约车出行需求的变化对建成环境因素变动的敏感程度，即因变量对自变量的弹性，需要对因变量与自变量分别进行对数化处理。对数预处理能够缩小数据范围，使数据整体服从正态分布，提高模型的解释力[167]。具体步骤如图 10-7 所示，首先考虑 MAUP，根据不同空间单元对网约车出行数据及建成环境数据进行空间集计，计算空间单元中各变量的实际数值，在此基础上，对各变量取自然对数，得到回归模型所需的因变量和自变量。

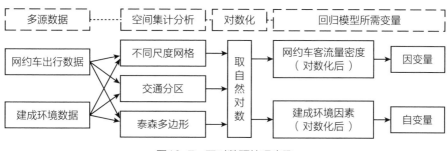

图10-7　双对数预处理步骤

$$—— 第 11 章 ——$$

最佳空间单元的确定与建成环境空间尺度分析

可塑性面积单元问题（MAUP）是空间分析中不可避免的基本问题，在构建好建成环境数据集之后，根据不同空间单元划分方法对每种空间尺度下的建成环境因素进行多重共线性检验与空间自相关分析，对比不同尺度模型拟合结果，确定拟合效果最优的回归模型与最佳空间单元。在此基础上，构建建成环境因素对网约车出行需求弹性影响的空间回归模型，探究不同时段下建成环境因素对网约车出行需求的空间尺度差异。

11.1　MAUP对网约车出行需求的空间相关性影响分析

11.1.1　考虑MAUP的建成环境多重共线性检验

在构建回归模型之前，需要对各自变量进行多重共线性检验，避免因冗余变量的存在造成模型估计结果的偏差。多重共线性检验是通过检测给定自变量被其他自变量解释的程度，来判断是否存在多重共线性，常采用方差膨胀因子（Variance Inflation Factor，VIF）作为衡量指标[168]，计算方法见式（11–1）。一般VIF>10证明自变量之间存在严重多重共线性，应将其剔除。

$$VIF = \frac{1}{1 - R_i^2} \qquad (11\text{–}1)$$

式中，R_i^2为决定系数，表示自变量对因变量的影响程度。

考虑MAUP效应，利用SPSS Statistic软件对不同尺度规则网格、交通分区和泰森多边形空间划分下的建成环境因素进行多重共线性检验，结果见表11–1和表11–2。多重共线性分析结果显示，在每种空间单元划分下，所有变量的VIF值均小于10，这表明本研究选取的建成环境因素之间不存在较强的多重共线性关系，可全部将其纳入空间回归模型进行后续分析。

多重共线性分析结果（300m～1000m网格） 表11-1

维度	变量名称	不同尺度规则网格							
		300m	400m	500m	600m	700m	800m	900m	1000m
密度	人口密度	1.039	1.039	1.058	1.060	1.073	1.104	1.113	1.103
	停车场密度	2.044	2.727	2.881	3.606	3.858	5.031	5.196	6.294
	居住POI密度	1.918	2.269	2.618	2.956	3.576	4.063	3.836	5.009
	商业POI密度	1.988	2.414	2.658	3.327	3.436	4.217	4.189	4.681
	办公POI密度	1.539	1.824	1.910	2.279	2.236	2.848	2.825	3.278
	公共服务POI密度	1.673	2.024	2.415	2.697	3.375	4.168	4.308	4.889
多样性	土地利用混合熵	1.829	1.895	1.966	1.792	2.074	2.354	2.028	2.369
设计	容积率	2.354	2.808	3.284	3.499	4.030	4.340	4.417	5.477
	道路密度	1.005	1.039	1.065	1.024	1.175	1.233	1.070	1.200
目的地可达性	至CBD距离	3.245	3.624	4.162	4.584	4.694	5.338	5.640	5.971
交通距离	至最近地铁站距离	1.851	1.869	1.892	1.961	1.963	2.039	1.917	1.979
	公交站点密度	1.018	1.030	1.039	1.115	1.077	1.101	1.045	1.159
社会经济属性	平均房价	1.380	1.382	1.461	1.415	1.544	1.686	1.654	1.752

多重共线性分析结果（1100m～1500m网格/交通分区/泰森多边形） 表11-2

维度	变量名称	不同尺度规则网格					交通分区	泰森多边形
		1100m	1200m	1300m	1400m	1500m		
密度	人口密度	1.089	1.161	1.115	1.133	1.226	1.259	1.201
	停车场密度	6.490	7.461	8.198	9.212	9.398	6.475	5.123
	居住POI密度	4.889	5.692	6.424	7.793	8.735	2.953	2.844
	商业POI密度	5.033	6.683	5.020	7.140	7.451	3.104	3.737
	办公POI密度	3.393	3.757	4.001	4.180	4.823	2.924	2.893
	公共服务POI密度	5.846	2.524	8.559	7.915	9.626	2.585	2.688
多样性	土地利用混合熵	2.686	2.443	2.572	2.592	2.587	1.981	2.019
设计	容积率	5.419	6.071	8.030	7.894	8.146	5.646	4.933
	道路密度	1.260	1.703	1.573	1.492	1.332	3.542	2.103

续表

维度	变量名称	不同尺度规则网格					交通分区	泰森多边形
		1100m	1200m	1300m	1400m	1500m		
目的地可达性	至CBD距离	6.301	7.189	6.458	6.937	7.650	4.769	4.964
交通距离	至最近地铁站距离	2.225	2.269	2.083	2.383	2.125	2.113	2.095
	公交站点密度	1.121	1.460	1.324	1.459	1.248	1.469	1.326
社会经济属性	平均房价	1.873	1.854	1.984	1.863	1.785	1.185	1.180

11.1.2 考虑MAUP的建成环境空间自相关分析

与传统线性回归分析不同，本研究采用的网约车数据及建成环境因素数据集均具有空间属性，因此，在构建空间计量模型前需要对各变量行空间自相关分析，探究其集聚特征是否显著[169]。全局空间自相关分析是用来衡量研区域整体的空间关联和空间差异程度[170]，全局莫兰指数（Moran's I）检验作为最普遍的检验空间相关性的方法，通过计算该指标能够反映变量的空间集聚效应及其对空间邻域属性值的影响程度[140]。计算公式如下：

$$I = \frac{n\sum_{i=1}^{n}\sum_{j=1}^{n}w_{ij}(x_i-\overline{x})(x_j-\overline{x})}{\sum_{i=1}^{n}\sum_{j=1}^{n}w_{ij}\sum_{i=1}^{n}(x_i-\overline{x})^2} \tag{11-2}$$

式中，n为空间单元总数；x_i和x_j分别为空间单元i和空间单元j的观测值；$\overline{x}$为各观测值的均值；w_{ij}为空间单元i和j之间的空间权重。Moran's I经过方差归一化处理，取值范围在-1.0到1.0之间。Moran's I大于0，表示变量具有空间正相关性；Moran's I小于0，表示变量具有空间负相关性；Moran's I等于0，表示变量在空间上随机分布。

利用GeoDa空间数据分析软件，对不同空间单元下的建成环境因素进行空间自相关分析，结果见表11-3和表11-4。对比不同空间单元的Moran's I值，除道路密度和公交站点密度外，其余建成环境因素的Moran's I值为正，且显著性水平小于0.01，表明这些变量具有显著的空间正相关性及空间集聚特征。道路密度在600m、900m、1000m、1200m、1400m和1500m网格尺度下的Moran's I值为负，公交站点密度的

Moran's I值在300m和1500m网格尺度下为负，表明这些变量在相应尺度下具有空间负相关性。表11-3和表11-4中的道路密度与公交站点密度的Moran's I值在一些空间单元下被加深，表示这些变量在相应的空间单元下，显著性水平大于0.05，证明该变量不具备显著的空间集聚特征。在构建空间回归模型之前，需要将其中不显著的变量予以剔除，以保证后续回归模型分析结果的科学性与准确性。

建成环境Moran's I结果（300m~1000m网格）　　　　表11-3

维度	变量名称	不同尺度规则网格							
		300m	400m	500m	600m	700m	800m	900m	1000m
密度	人口密度	0.678	0.559	0.553	0.532	0.405	0.474	0.387	0.397
	停车场密度	0.516	0.597	0.619	0.659	0.685	0.702	0.713	0.727
	居住POI密度	0.650	0.673	0.698	0.710	0.706	0.713	0.712	0.731
	商业POI密度	0.563	0.568	0.570	0.625	0.583	0.599	0.586	0.606
	办公POI密度	0.330	0.359	0.413	0.458	0.501	0.500	0.523	0.625
	公共服务POI密度	0.408	0.478	0.546	0.588	0.639	0.685	0.703	0.693
多样性	土地利用混合熵	0.422	0.396	0.403	0.340	0.411	0.403	0.351	0.287
设计	容积率	0.577	0.600	0.631	0.629	0.649	0.682	0.652	0.668
	道路密度	0.000	0.002	0.004	-0.002	0.055	0.049	-0.002	-0.014
目的地可达性	至CBD距离	0.991	0.986	0.980	0.969	0.969	0.968	0.931	0.928
交通距离	至最近地铁站距离	0.966	0.954	0.940	0.923	0.925	0.936	0.844	0.837
	公交站点密度	-0.002	0.035	0.038	0.107	0.037	0.046	0.003	0.148
社会经济属性	平均房价	0.387	0.393	0.427	0.417	0.430	0.364	0.329	0.280

注：具有深色底纹的数据表示该变量在相应空间单元下显著性水平大于0.05，需要剔除。

建成环境Moran's I结果（1100m~1500m网格/交通分区/泰森多边形）   表11-4

维度	变量名称	不同尺度规则网格					交通分区	泰森多边形
		1100m	1200m	1300m	1400m	1500m		
密度	人口密度	0.428	0.423	0.354	0.313	0.433	0.470	0.297
	停车场密度	0.748	0.726	0.719	0.726	0.676	0.969	0.897
	居住POI密度	0.713	0.734	0.707	0.722	0.680	0.492	0.370
	商业POI密度	0.590	0.606	0.551	0.634	0.583	0.850	0.775
	办公POI密度	0.563	0.520	0.556	0.626	0.444	0.670	0.689
	公共服务POI密度	0.729	0.710	0.759	0.745	0.783	0.693	0.518
多样性	土地利用混合熵	0.280	0.339	0.177	0.298	0.159	0.166	0.169
设计	容积率	0.702	0.628	0.665	0.720	0.697	0.843	0.748
	道路密度	0.068	−0.019	0.202	−0.025	−0.008	0.981	0.551
目的地可达性	至CBD距离	0.960	0.914	0.889	0.886	0.867	0.992	0.986
交通距离	至最近地铁站距离	0.895	0.796	0.772	0.724	0.756	0.506	0.389
	公交站点密度	0.057	0.129	0.179	0.249	−0.004	0.026	0..045
社会经济属性	平均房价	0.280	0.304	0.325	0.183	0.247	0.096	0.293

注：具有深色底纹的数据表示该变量在相应空间单元下显著性水平大于0.05，需要剔除。

11.2   MAUP对空间回归模型结果的影响分析

根据上文对数据之间多重共线性分析及空间自相关检验的结果，考虑MAUP效应，将每种空间单元各自需要剔除的变量进行汇总，在构建回归模型之前，将这些变量统一从每个空间单元中进行剔除，以确保模型对比结果的公平性和科学性。本研究使用OLS、GWR与MGWR三种模型，对不同时段及不同空间单元划分下建成环境因素进行分析，主要包括模型决定系数（R^2）、调整后的决定系数（R^2_{Adj}）、修正后的赤池信息准则（corrected Akaike information criterion，$AICc$）以及残差平方和（Residual Sum of Squares，RSS）四个指标。其中，R^2与R^2_{Adj}反映模型的拟合优度，值越接近1表明模型拟合效果越好；$AICc$与RSS反映模型的复杂程度与模型精度，其值越低表明模型拟合效果越好[171]。在对比不同回归模型结果时，主要通过R^2和R^2_{adj}作为模型拟合优度的评价指标，来确定拟合效果更优、模型结果更准确的最佳空间单元。考虑MAUP

中的尺度效应和分区效应，根据不同尺度规则网格、泰森多边形及交通分区三种空间划分方法对建成环境因素进行空间集计，分别从工作日与休息日两个角度构建早、午、晚三个时段的回归模型。

11.2.1　工作日网约车上下车客流量回归模型对比

1. 工作日上车客流量回归模型对比

以成都市网约车上车量密度作为因变量，从工作日早、午、晚三个高峰时段，分析网约车出行需求与各建成环境因素之间的关系，工作日上车客流量回归模型结果，见表11-5。对比不同空间单元划分下的OLS、GWR与MGWR三种模型的拟合优度，发现MGWR模型相比OLS与GWR模型，普遍具有更高的R^2与R^2_{Adj}。在早高峰与午高峰两个时段，回归模型在1300m网格下的拟合优度最高，R^2分别为0.940和0.949，而晚高峰回归模型在交通分区尺度下具有更高的拟合优度，R^2为0.944。

工作日上车客流量回归模型结果　　　　　　　　表11-5

空间单元	回归模型	早高峰回归模型		午高峰回归模型		晚高峰回归模型	
		R^2	R^2_{Adj}	R^2	R^2_{Adj}	R^2	R^2_{Adj}
1000m网格	OLS	0.683	0.667	0.735	0.722	0.686	0.670
	GWR	0.886	0.851	0.907	0.880	0.894	0.863
	MGWR	0.925	0.906	0.909	0.891	0.904	0.884
1100m网格	OLS	0.720	0.703	0.757	0.742	0.708	0.691
	GWR	0.899	0.873	0.912	0.886	0.904	0.886
	MGWR	0.905	0.884	0.927	0.908	0.912	0.894
1200m网格	OLS	0.797	0.782	0.758	0.741	0.717	0.697
	GWR	0.910	0.883	0.917	0.889	0.907	0.877
	MGWR	0.930	0.912	0.937	0.919	0.937	0.918
1300m网格	OLS	0.775	0.756	0.763	0.743	0.732	0.710
	GWR	0.926	0.909	0.933	0.920	0.918	0.900
	MGWR	0.940	0.925	0.949	0.936	0.929	0.913
1400m网格	OLS	0.771	0.748	0.691	0.660	0.693	0.662
	GWR	0.901	0.868	0.860	0.813	0.868	0.820
	MGWR	0.921	0.900	0.897	0.869	0.894	0.865

续表

空间单元	回归模型	早高峰回归模型		午高峰回归模型		晚高峰回归模型	
		R^2	R^2_{Adj}	R^2	R^2_{Adj}	R^2	R^2_{Adj}
1500m网格	OLS	0.747	0.718	0.804	0.781	0.753	0.725
	GWR	0.911	0.885	0.932	0.921	0.920	0.905
	MGWR	0.922	0.907	0.940	0.928	0.929	0.909
交通分区	OLS	0.694	0.674	0.759	0.743	0.751	0.735
	GWR	0.901	0.890	0.936	0.928	0.940	0.936
	MGWR	0.919	0.897	0.947	0.932	0.944	0.939
泰森多边形	OLS	0.675	0.658	0.749	0.736	0.719	0.705
	GWR	0.902	0.866	0.924	0.907	0.929	0.910
	MGWR	0.918	0.895	0.931	0.914	0.931	0.913

注：因300m～1500m网格单元较多，此处仅对1000m～1500m、交通分区以及泰森多边形等主要空间单元回归结果进行展示。

2. 工作日下车客流量回归模型对比

表11-6为工作日下车客流量回归模型结果，在早、午、晚三个时段，网约车下车客流量的模型拟合优度均在交通分区最高，R^2分别为0.937、0.944和0.942。

工作日下车客流量回归模型结果   表11-6

空间单元	回归模型	早高峰回归模型		午高峰回归模型		晚高峰回归模型	
		R^2	R^2_{Adj}	R^2	R^2_{Adj}	R^2	R^2_{Adj}
1000m网格	OLS	0.683	0.667	0.741	0.728	0.750	0.737
	GWR	0.886	0.851	0.882	0.851	0.876	0.846
	MGWR	0.904	0.877	0.883	0.861	0.895	0.873
1100m网格	OLS	0.637	0.615	0.709	0.691	0.725	0.708
	GWR	0.883	0.854	0.878	0.845	0.883	0.851
	MGWR	0.892	0.863	0.881	0.857	0.891	0.869
1200m网格	OLS	0.695	0.673	0.766	0.749	0.822	0.809
	GWR	0.895	0.854	0.931	0.904	0.915	0.891
	MGWR	0.912	0.885	0.930	0.912	0.930	0.915
1300m网格	OLS	0.708	0.683	0.725	0.702	0.756	0.735
	GWR	0.901	0.886	0.896	0.858	0.909	0.876

续表

空间单元	回归模型	早高峰回归模型		午高峰回归模型		晚高峰回归模型	
		R^2	R^2_{Adj}	R^2	R^2_{Adj}	R^2	R^2_{Adj}
1300m网格	MGWR	0.907	0.891	0.917	0.892	0.935	0.914
1400m网格	OLS	0.686	0.655	0.743	0.718	0.751	0.726
	GWR	0.843	0.792	0.853	0.811	0.883	0.840
	MGWR	0.869	0.838	0.882	0.853	0.894	0.868
1500m网格	OLS	0.717	0.685	0.777	0.751	0.755	0.727
	GWR	0.899	0.879	0.921	0.886	0.906	0.885
	MGWR	0.905	0.886	0.930	0.908	0.919	0.906
交通分区	OLS	0.744	0.727	0.750	0.734	0.678	0.661
	GWR	0.925	0.906	0.930	0.909	0.895	0.868
	MGWR	0.937	0.919	0.944	0.925	0.942	0.921
泰森多边形	OLS	0.710	0.695	0.722	0.708	0.723	0.705
	GWR	0.901	0.880	0.888	0.863	0.868	0.843
	MGWR	0.914	0.893	0.898	0.874	0.879	0.850

注：因300m～1500m网格单元较多，此处仅对1000m～1500m、交通分区以及泰森多边形等主要空间单元回归结果进行展示。

11.2.2 休息日网约车上下车客流量回归模型对比

1. 休息日上车客流量回归模型对比

在得到工作日三个时段模型拟合优度最高的空间单元后，以同样的方法对休息日网约车上下车客流量回归模型结果进行分析。表11-7为休息日上车客流量回归模型结果，再次证明MGWR模型相比其他回归模型的拟合优度更高。在早高峰和午高峰两个时段，回归模型在1300m网格下的拟合优度最高，R^2分别为0.935和0.947，而晚高峰回归模型在1400m网格下拟合优度更高，R^2为0.952。

休息日上车客流量回归模型结果 表11-7

空间单元	回归模型	早高峰回归模型		午高峰回归模型		晚高峰回归模型	
		R^2	R^2_{Adj}	R^2	R^2_{Adj}	R^2	R^2_{Adj}
1000m网格	OLS	0.721	0.707	0.765	0.753	0.727	0.713
	GWR	0.897	0.870	0.928	0.905	0.903	0.889

空间单元	回归模型	早高峰回归模型		午高峰回归模型		晚高峰回归模型	
		R^2	R^2_{Adj}	R^2	R^2_{Adj}	R^2	R^2_{Adj}
1000m网格	MGWR	0.900	0.881	0.932	0.917	0.919	0.902
1100m网格	OLS	0.720	0.702	0.737	0.721	0.698	0.680
	GWR	0.912	0.882	0.920	0.894	0.904	0.863
	MGWR	0.912	0.892	0.926	0.907	0.906	0.866
1200m网格	OLS	0.751	0.733	0.795	0.780	0.664	0.640
	GWR	0.895	0.863	0.931	0.908	0.899	0.862
	MGWR	0.931	0.911	0.940	0.925	0.905	0.882
1300m网格	OLS	0.722	0.699	0.764	0.744	0.716	0.692
	GWR	0.947	0.921	0.944	0.917	0.934	0.905
	MGWR	0.935	0.913	0.947	0.931	0.926	0.916
1400m网格	OLS	0.697	0.667	0.697	0.667	0.791	0.770
	GWR	0.870	0.823	0.870	0.823	0.943	0.920
	MGWR	0.890	0.861	0.905	0.879	0.952	0.938
1500m网格	OLS	0.676	0.639	0.733	0.702	0.730	0.699
	GWR	0.927	0.901	0.931	0.912	0.917	0.885
	MGWR	0.915	0.899	0.943	0.921	0.928	0.904
交通分区	OLS	0.666	0.645	0.732	0.715	0.721	0.702
	GWR	0.903	0.897	0.919	0.897	0.939	0.918
	MGWR	0.917	0.895	0.934	0.911	0.939	0.919
泰森多边形	OLS	0.637	0.618	0.699	0.684	0.678	0.662
	GWR	0.900	0.886	0.912	0.900	0.905	0.892
	MGWR	0.920	0.895	0.924	0.900	0.912	0.888

注：因300m~1500m网格单元较多，此处仅对1000m~1500m、交通分区以及泰森多边形等主要空间单元回归结果进行展示。

2. 休息日下车客流量回归模型对比

休息日下车客流量回归模型结果，见表11-8。对比发现，与工作日网约车下车客流量的模型结果具有一致性，休息日网约车下车客流量拟合优度最高的空间单元为交通分区，R^2分别为0.942、0.914和0.936。

休息日下车客流量回归模型结果　　　　　　　　　　表11-8

空间单元	回归模型	早高峰回归模型		午高峰回归模型		晚高峰回归模型	
		R^2	R^2_{Adj}	R^2	R^2_{Adj}	R^2	R^2_{Adj}
1000m网格	OLS	0.665	0.648	0.709	0.695	0.723	0.709
	GWR	0.870	0.832	0.872	0.848	0.892	0.860
	MGWR	0.882	0.855	0.879	0.855	0.894	0.872
1100m网格	OLS	0.619	0.595	0.679	0.659	0.670	0.650
	GWR	0.879	0.842	0.863	0.838	0.865	0.827
	MGWR	0.884	0.858	0.873	0.849	0.878	0.852
1200m网格	OLS	0.672	0.649	0.751	0.733	0.747	0.729
	GWR	0.860	0.840	0.900	0.872	0.892	0.856
	MGWR	0.877	0.850	0.907	0.877	0.907	0.883
1300m网格	OLS	0.645	0.615	0.698	0.672	0.734	0.711
	GWR	0.883	0.841	0.884	0.841	0.903	0.867
	MGWR	0.897	0.879	0.907	0.877	0.913	0.885
1400m网格	OLS	0.579	0.537	0.708	0.680	0.710	0.681
	GWR	0.829	0.757	0.867	0.819	0.841	0.793
	MGWR	0.840	0.792	0.878	0.848	0.860	0.828
1500m网格	OLS	0.623	0.580	0.697	0.663	0.715	0.683
	GWR	0.908	0.866	0.906	0.878	0.888	0.851
	MGWR	0.914	0.879	0.911	0.882	0.895	0.862
交通分区	OLS	0.689	0.669	0.702	0.683	0.686	0.666
	GWR	0.928	0.904	0.900	0.875	0.930	0.904
	MGWR	0.942	0.919	0.914	0.883	0.936	0.911
泰森多边形	OLS	0.651	0.633	0.657	0.640	0.637	0.619
	GWR	0.880	0.863	0.865	0.835	0.859	0.829
	MGWR	0.893	0.868	0.874	0.842	0.863	0.831

注：因300m~1500m网格单元较多，此处仅对1000m~1500m、交通分区以及泰森多边形等主要空间单元回归结果进行展示。

11.3 最佳空间单元确定及建成环境因素描述性统计

11.3.1 最佳空间单元的确定

根据上述回归模型的对比，MGWR模型相比以往回归模型具有更高的模型拟合优度。因此，利用MGWR模型进一步探究建成环境对网约车出行需求的弹性影响，分析各建成环境因素的空间尺度、弹性影响程度及其空间异质性。上文中考虑MAUP效应，对比不同空间尺度划分下的模型回归结果，发现模型拟合优度较高的空间单元以1300m、1400m网格以及交通分区为主，且在工作日和休息日的不同时段存在一定差异，这会造成不同时段之间的数据分布与模型结果难以比较。因此，通过计算工作日与休息日不同时段的平均拟合优度，以平均拟合优度较高的空间单元作为网约车出行需求回归分析的最佳空间单元。这样做的目的是将数据统一在相同空间尺度下进行研究，在消除尺度效应的同时，使数据之间能够有效匹配，便于在相同的空间尺度下对网约车进行精准管理与统一决策。

表11-9和表11-10分别为工作日与休息日不同时段MGWR模型的拟合优度，计算每个空间单元在不同时段下的平均R^2，发现交通分区的平均拟合优度分别为0.939和0.930，明显高于其他空间单元。因此，将交通分区作为研究建成环境与网约车出行需求之间关系的最佳空间单元。

工作日不同时段MGWR模型拟合优度对比　　　　　　　　表11-9

空间单元	早高峰		午高峰		晚高峰		平均拟合优度
	上车量	下车量	上车量	下车量	上车量	下车量	
300m网格	0.831	0.730	0.814	0.776	0.827	0.783	0.794
400m网格	0.833	0.800	0.832	0.823	0.824	0.822	0.822
500m网格	0.850	0.792	0.865	0.837	0.845	0.841	0.838
600m网格	0.876	0.844	0.880	0.871	0.869	0.865	0.868
700m网格	0.893	0.847	0.896	0.867	0.894	0.849	0.874
800m网格	0.897	0.860	0.893	0.852	0.865	0.852	0.870
900m网格	0.884	0.852	0.908	0.888	0.888	0.893	0.886
1000m网格	0.925	0.904	0.909	0.883	0.904	0.895	0.903
1100m网格	0.905	0.892	0.927	0.881	0.912	0.891	0.901

续表

空间单元	早高峰		午高峰		晚高峰		平均拟合优度
	上车量	下车量	上车量	下车量	上车量	下车量	
1200m网格	0.930	0.912	0.937	0.930	0.937	0.930	0.929
1300m网格	0.940	0.907	0.949	0.913	0.929	0.935	0.929
1400m网格	0.921	0.869	0.897	0.882	0.894	0.894	0.893
1500m网格	0.922	0.905	0.940	0.930	0.929	0.919	0.924
交通分区	0.919	0.937	0.947	0.944	0.944	0.942	0.939
泰森多边形	0.918	0.914	0.931	0.898	0.931	0.879	0.912

休息日不同时段MGWR模型拟合优度对比　　　　表11-10

空间单元	早高峰		午高峰		晚高峰		平均拟合优度
	上车量	下车量	上车量	下车量	上车量	下车量	
300m网格	0.772	0.690	0.809	0.737	0.805	0.853	0.778
400m网格	0.807	0.757	0.820	0.794	0.813	0.811	0.800
500m网格	0.822	0.782	0.844	0.817	0.862	0.758	0.814
600m网格	0.865	0.890	0.871	0.850	0.867	0.822	0.861
700m网格	0.885	0.814	0.886	0.838	0.900	0.848	0.862
800m网格	0.875	0.878	0.862	0.865	0.881	0.859	0.870
900m网格	0.885	0.874	0.866	0.874	0.895	0.874	0.878
1000m网格	0.900	0.882	0.932	0.879	0.919	0.894	0.901
1100m网格	0.912	0.884	0.926	0.873	0.906	0.878	0.897
1200m网格	0.931	0.877	0.940	0.907	0.905	0.907	0.911
1300m网格	0.935	0.897	0.947	0.907	0.926	0.913	0.921
1400m网格	0.890	0.840	0.905	0.878	0.952	0.860	0.888
1500m网格	0.915	0.914	0.943	0.911	0.928	0.895	0.918
交通分区	0.917	0.942	0.934	0.914	0.939	0.936	0.930
泰森多边形	0.920	0.893	0.924	0.874	0.912	0.863	0.898

11.3.2　建成环境因素描述性统计与空间分布特征

在交通分区划分下，对建成环境因素进行数据集计与描述性统计，结果见表11-11。可以看出，不同建成环境因素的数值差异较大，变量之间存在明显的数量级和量纲的不同，直接进行空间回归分析会降低模型精度，影响结果准确性。因此，为缩小数据之间的差异，有必要在空间回归模型构建之间对因变量与自变量进行双对数转换，来反映网约车出行需求与建成环境之间的弹性关系。

最佳空间单元下的建成环境因素描述性统计　　　　　　表11-11

维度	变量名称	单位	最小值	中值	最大值	平均值	标准差
密度	人口密度	人/km²	3313	19305	181414	25389	23977.85
	停车场密度	个/km²	0	46	230	50	39.72
	居住POI密度	个/km²	0	73	263	86	69.37
	商业POI密度	个/km²	1	947	8120	1083	1157.48
	办公POI密度	个/km²	0	94	3286	225	371.74
	公共服务POI密度	个/km²	0	126	865	147	136.88
多样性	土地利用混合熵	—	0.00	0.65	0.97	0.62	0.16
设计	容积率	—	0.01	1.38	4.13	1.38	0.70
目的地可达性	至CBD距离	km	0.36	5.15	12.01	5.18	2.58
交通距离	至最近地铁站距离	km	0.20	1.15	6.66	1.58	1.19
社会经济属性	平均房价	元/m²	0	14515	41845	15846	5761.81

在交通分区最佳空间单元划分下，对各建成环境因素进行空间可视化（图11-1）。在成都市三环范围内，人口密度较高的区域主要分布在城市中北部、东北部及二环以南区域，且商业购物广场、大学城及交通枢纽附近的人口密度较大。容积率、停车场密度及各类设施POI密度呈现圈层式分布，越靠近城市中心密度越大，且西部的聚集程度整体高于东部，一定程度上体现了城市的发展方向。土地利用混合熵的空间分布较为均匀，表明城市发展较为公平，且各类配套设施建设良好。根据至CBD距离和至最近地铁站距离的空间分布，表明成都市交通状况良好，地铁覆盖率较高。对于平均房价，在城市中心及城市西部、南部及东北部较高。

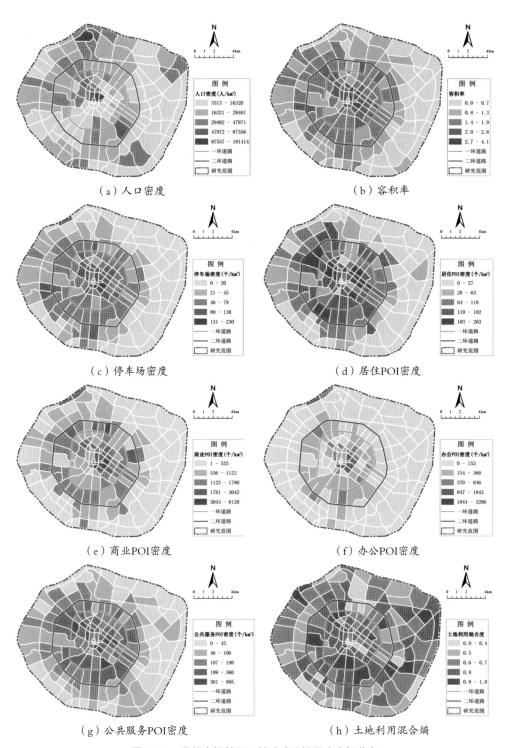

（a）人口密度　　　　　　　　　　　　（b）容积率

（c）停车场密度　　　　　　　　　　　（d）居住POI密度

（e）商业POI密度　　　　　　　　　　（f）办公POI密度

（g）公共服务POI密度　　　　　　　　（h）土地利用混合熵

图11-1　最佳空间单元下的建成环境因素空间分布

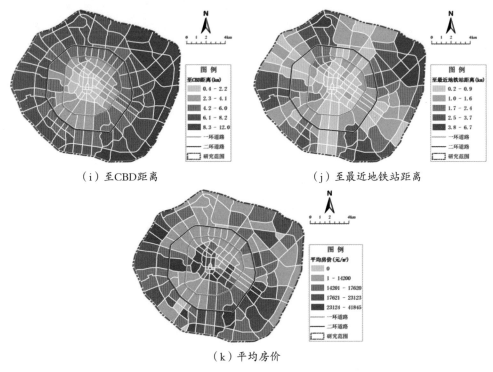

（i）至CBD距离   （j）至最近地铁站距离

（k）平均房价

图11-1   最佳空间单元下的建成环境因素空间分布（续）

11.4   基于MGWR的建成环境空间尺度分析

MGWR模型通过引入可变带宽衡量建成环境对网约车出行客流量影响的空间尺度，使模型结果更加准确且更符合网约车实际出行需求。带宽作为MGWR模型的重要参数，表示各变量在系数估计时所需周围样本的数量，带宽越小，空间影响范围越小，反之亦然。同时，带宽还能反映因变量与自变量之间的空间变化规律，用来表示局部回归系数之间的空间差异化尺度[172]。本研究基于MGWR模型，首先对因变量与自变量进行对数化处理，基于网约车出行客流量的最佳空间单元构建成环境因素对网约车出行需求弹性影响的空间回归模型。

11.4.1   工作日建成环境对网约车出行需求空间尺度分析

本研究利用单位面积的网约车上下车客流量来表征网约车出行需求，以交通分区作为空间分析单元，对比工作日各建成环境因素GWR与MGWR模型结果，分别从早、午、晚三个时段探讨建成环境因素的最优带宽及空间尺度。

1. 工作日上车客流量回归模型空间尺度分析

表11-12为工作日网约车上车客流量回归模型带宽，其中交通分区最佳空间单元的总样本量为180，对比GWR与MGWR模型中各变量的带宽结果，发现GWR模型的平均带宽均为102，约占总样本量的56.7%。在工作日早、午、晚三个时段，分析影响网约车上车客流量的建成环境因素带宽，其主要特征如下：

在早高峰时段，对比MGWR模型最优带宽，不同建成环境因素对网约车上车客流量的影响尺度具有较大差异。居住POI密度和至CBD距离的带宽较小，占总样本量的30%左右，表明这些变量的空间影响范围较小。人口密度和平均房价的带宽为107，占总样本量的59.4%，接近GWR平均带宽，空间尺度适中。容积率、停车场密度、商业、办公和公共服务POI密度、土地利用混合熵以及至最近地铁站距离的带宽为全局样本量，空间影响范围覆盖整个成都市三环区域，表明这些变量对网约车出行需求的影响基本不随空间位置的变化而发生较大改变。

在午高峰时段，至CBD距离和平均房价的带宽较小，表明这些变量更易受到不同空间位置变化的影响。人口密度、居住和商业POI密度以及至最近地铁站距离的带宽在102左右，在较大范围影响网约车上车客流量。容积率、停车场密度、办公POI密度、公共服务POI密度和土地利用混合熵的带宽覆盖全局。

在晚高峰时段MGWR模型下，至CBD距离的带宽均在总样本量的40%以下，表明这些变量对因变量的影响尺度较小。人口密度、居住POI密度、商业POI密度、至最近地铁站距离和平均房价的带宽，接近GWR模型的平均带宽，表明该变量在较大范围内影响网约车上车客流量。容积率、停车场密度、办公POI密度、公共服务POI密度和土地利用混合熵为全局带宽。

工作日网约车上车客流量回归模型带宽　　　　　　　　　　表11-12

变量名称	早高峰		午高峰		晚高峰	
	GWR	MGWR	GWR	MGWR	GWR	MGWR
人口密度	102	107	102	107	102	136
停车场密度	102	179	102	179	102	179
居住POI密度	102	62	102	98	102	115

续表

变量名称	早高峰		午高峰		晚高峰	
	GWR	MGWR	GWR	MGWR	GWR	MGWR
商业POI密度	102	179	102	94	102	80
办公POI密度	102	179	102	179	102	179
公共服务POI密度	102	179	102	179	102	179
容积率	102	179	102	179	102	179
土地利用混合熵	102	179	102	179	102	179
至CBD距离	102	44	102	43	102	43
至最近地铁站距离	102	179	102	102	102	99
平均房价	102	107	102	72	102	80

2. 工作日下车客流量回归模型空间尺度分析

表11-13为工作日网约车下车客流量回归模型带宽，对比GWR与MGWR模型带宽结果，发现GWR模型的平均带宽均为100，约占总样本量的55.6%。建成环境因素在网约车下车客流量回归模型中的带宽特征如下：

在早高峰时段，根据MGWR模型最优带宽可知，至CBD距离和平均房价为局部尺度变量，具有较小的空间影响范围。人口密度、商业POI密度、土地利用混合熵以及至最近地铁站距离为区域尺度变量，空间影响尺度相对较大。容积率、停车场密度、居住、办公和公共服务POI密度为全局样本量。

在午高峰时段，土地利用混合熵、至CBD距离和平均房价的带宽较小，为局部尺度。人口密度、商业POI密度和至最近地铁站距离在较大范围内影响网约车下车客流量。容积率、停车场密度、居住、办公和公共服务POI密度的带宽覆盖整个研究区域。

在晚高峰时段，居住POI密度、商业POI密度、土地利用混合熵、至CBD距离、至最近地铁站距离以及平均房价的带宽均在总样本量的40%以下，包含的样本量较小。人口密度的带宽为102，接近GWR模型的平均带宽。容积率、停车场密度、办公和公共服务POI密度为全局或接近全局带宽。

工作日网约车下车客流量回归模型带宽　　　　　表11-13

变量名称	早高峰		午高峰		晚高峰	
	GWR	MGWR	GWR	MGWR	GWR	MGWR
人口密度	100	102	100	102	100	102
停车场密度	100	177	100	179	100	179
居住POI密度	100	179	100	179	100	64
商业POI密度	100	86	100	77	100	50
办公POI密度	100	179	100	179	100	177
公共服务POI密度	100	179	100	179	100	179
容积率	100	98	100	54	100	62
土地利用混合熵	100	179	100	179	100	179
至CBD距离	100	45	100	46	100	43
至最近地铁站距离	100	99	100	100	100	62
平均房价	100	72	100	72	100	71

11.4.2　休息日建成环境对网约车出行需求空间尺度分析

1. 休息日上车客流量回归模型空间尺度分析

表11-14为休息日网约车上车客流量回归模型的带宽，其中交通分区最佳空间单元的总样本量为180，对比GWR与MGWR模型中各变量的带宽结果，发现与工作日网约车上车客流量GWR模型结果相似，其平均带宽均为102，约占总样本量的56.7%。建成环境因素在网约车上车客流量回归模型中的带宽特征如下：

在早高峰时段，对比MGWR模型最优带宽，其中商业POI密度和至CBD距离的带宽均在总样本量的40%以下，空间尺度较小。人口密度、居住POI密度和平均房价的带宽接近GWR模型平均带宽，空间尺度相对适中。容积率、停车场密度、办公POI密度、公共服务POI密度、土地利用混合熵以及至最近地铁站距离的带宽为全局样本量，空间范围覆盖整个成都市三环区域。

在午高峰时段MGWR模型下，人口密度、商业POI密度、土地利用混合熵、至CBD距离以及至最近地铁站距离的带宽均在总样本量的40%以下，空间尺度较小。居住POI密度和平均房价的带宽接近GWR模型平均带宽，空间影响范围适中。容积率、停车场密度、办公POI密度和公共服务POI密度的带宽均为全局尺度，其在任意位置进行拟合均以全局范围所有变量为参考，空间变化相对平缓。

在晚高峰MGWR模型的最优带宽中，商业POI密度、至CBD距离以及至最近地铁站距离的带宽较小，空间影响范围更加侧重局部区域。人口密度、居住POI密度和平均房价的带宽接近GWR模型的平均带宽，空间影响尺度适中。而容积率、停车场密度、办公POI密度、公共服务POI密度以及土地利用混合度的带宽为全样本或接近全样本带宽，其空间影响范围覆盖整个研究区域。

休息日网约车上车客流量回归模型带宽   表11-14

变量名称	早高峰		午高峰		晚高峰	
	GWR	MGWR	GWR	MGWR	GWR	MGWR
人口密度	102	88	102	63	102	94
停车场密度	102	179	102	179	102	179
居住POI密度	102	96	102	98	102	109
商业POI密度	102	62	102	69	102	63
办公POI密度	102	179	102	179	102	179
公共服务POI密度	102	179	102	179	102	179
容积率	102	179	102	62	102	177
土地利用混合熵	102	179	102	179	102	179
至CBD距离	102	50	102	47	102	47
至最近地铁站距离	102	179	102	63	102	43
平均房价	102	87	102	79	102	87

2. 休息日下车客流量回归模型空间尺度分析

表11-15为休息日网约车下车客流量回归模型的带宽，对比GWR与MGWR模型中各变量的带宽结果，发现GWR模型的平均带宽均为在92~102之间，占总样本量的55%左右。建成环境因素在网约车下车客流量回归模型中的带宽特征如下：

在早高峰时段，对比MGWR模型最优带宽，其中土地利用混合熵、至CBD距离、至最近地铁站距离和平均房价的带宽较小。人口密度的带宽为88，为区域尺度变量，空间尺度相对适中。容积率、停车场密度、居住、商业、办公和公共服务POI密度为全局样本量，其带宽范围覆盖整个研究范围。

在午高峰时段，商业POI密度、土地利用混合熵、至CBD距离、至最近地铁站距离以及平均房价的带宽均在总样本量的40%以下，空间尺度较小。人口密度的带宽为

102，接近GWR模型平均带宽。而容积率、停车场密度、居住、办公和公共服务POI
密度为全局带宽，即每个拟合结果都受全局样本的影响，空间变化相对平缓。

在晚高峰时段，商业POI密度、土地利用混合熵、至CBD距离、至最近地铁站
距离以及平均房价的带宽较小，空间影响范围更加侧重局部区域。人口密度和居住
POI密度的带宽接近GWR模型的平均带宽，空间影响尺度适中。而容积率、停车场
密度、办公和公共服务POI密度的带宽为全局样本量，其空间影响范围覆盖整个研究
区域。

<table>
<tr><td colspan="7" align="center">休息日网约车下车客流量回归模型带宽　　　　　　　表11-15</td></tr>
<tr><td rowspan="2">变量名称</td><td colspan="2">早高峰</td><td colspan="2">午高峰</td><td colspan="2">晚高峰</td></tr>
<tr><td>GWR</td><td>MGWR</td><td>GWR</td><td>MGWR</td><td>GWR</td><td>MGWR</td></tr>
<tr><td>人口密度</td><td>102</td><td>88</td><td>92</td><td>102</td><td>96</td><td>101</td></tr>
<tr><td>停车场密度</td><td>102</td><td>179</td><td>92</td><td>179</td><td>96</td><td>179</td></tr>
<tr><td>居住POI密度</td><td>102</td><td>179</td><td>92</td><td>179</td><td>96</td><td>81</td></tr>
<tr><td>商业POI密度</td><td>102</td><td>179</td><td>92</td><td>64</td><td>96</td><td>50</td></tr>
<tr><td>办公POI密度</td><td>102</td><td>179</td><td>92</td><td>179</td><td>96</td><td>179</td></tr>
<tr><td>公共服务POI密度</td><td>102</td><td>179</td><td>92</td><td>179</td><td>96</td><td>179</td></tr>
<tr><td>容积率</td><td>102</td><td>49</td><td>92</td><td>47</td><td>96</td><td>47</td></tr>
<tr><td>土地利用混合熵</td><td>102</td><td>179</td><td>92</td><td>179</td><td>96</td><td>179</td></tr>
<tr><td>至CBD距离</td><td>102</td><td>45</td><td>92</td><td>47</td><td>96</td><td>46</td></tr>
<tr><td>至最近地铁站距离</td><td>102</td><td>43</td><td>92</td><td>46</td><td>96</td><td>46</td></tr>
<tr><td>平均房价</td><td>102</td><td>71</td><td>92</td><td>72</td><td>96</td><td>63</td></tr>
</table>

11.4.3　工作日与休息日建成环境因素的空间尺度对比

本研究将最优带宽在0～72之间（样本量占总样本量40%以下）的变量定义为局
部尺度变量，表示这些变量间的空间作用尺度较小，受周围建成环境因素影响更敏
感；将最优带宽在73～144之间（样本量占总样本量41%～80%）的变量定义为区域尺
度变量，其带宽水平接近市辖区范围，表明这些变量之间具有较大的空间作用尺度；
将最优带宽大于145（包含样本量占总样本量81%以上）的变量定义为全局尺度变量，
表明这些变量在接近全样本范围内影响各空间单元的网约车出行需求。图11-2为工
作日与休息日不同时段下各建成环境因素的带宽，可以看出，停车场密度、办公POI

密度、公共服务POI密度和容积率在工作日与休息日各时段的带宽接近全样本量，均表现为全局尺度，表明这些变量对网约车出行需求的影响较为稳定，几乎不受时间和空间的影响。至CBD距离在工作日与休息日所有时段具有较小的带宽，均表现为局部尺度，表明该变量受不同空间位置的变化较为敏感，其余变量在工作日与休息日的空间尺度随不同时段的空间尺度变化较大。其余变量的空间尺度随不同时段的变化而具有一定差异。

其余变量的空间尺度随不同时段的变化而具有一定差异，其中人口密度除了对休息日午高峰上车量表现出局部尺度外，其他时段均表现为区域尺度。居住POI密度在休息日均表现出区域或全局尺度，空间影响范围较大，而对于工作日的早高峰上车客流量与晚高峰的下车客流量，则表现出尺度较小的空间局部特征。受工作日通勤活动

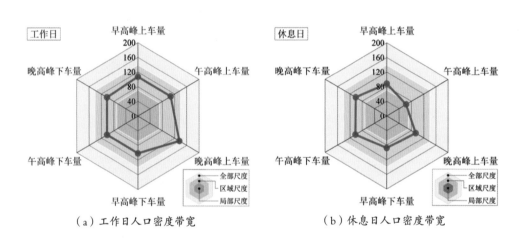

（a）工作日人口密度带宽　　　　　　　（b）休息日人口密度带宽

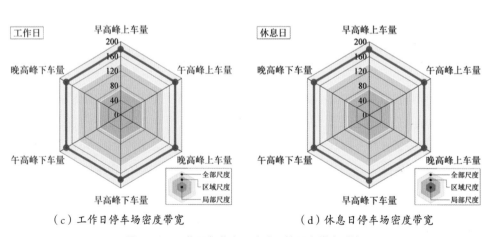

（c）工作日停车场密度带宽　　　　　　　（d）休息日停车场密度带宽

图11-2　工作日与休息日建成环境因素带宽对比

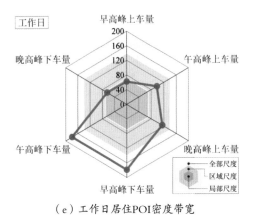

（e）工作日居住POI密度带宽

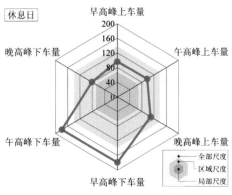

（f）休息日居住POI密度带宽

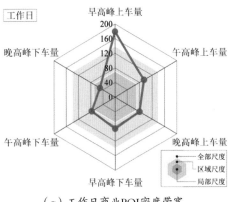

（g）工作日商业POI密度带宽

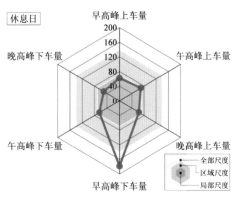

（h）休息日商业POI密度带宽

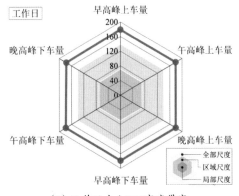

（i）工作日办公POI密度带宽

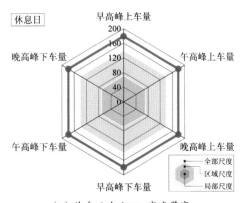

（j）休息日办公POI密度带宽

图11-2　工作日与休息日建成环境因素带宽对比（续）

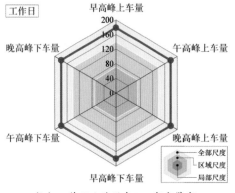

（k）工作日公共服务POI密度带宽

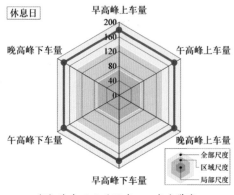

（l）休息日公共服务POI密度带宽

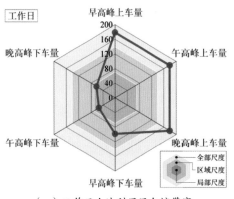

（m）工作日土地利用混合熵带宽

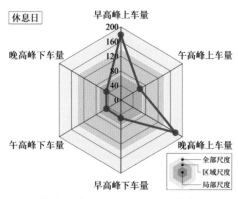

（n）休息日土地利用混合熵带宽

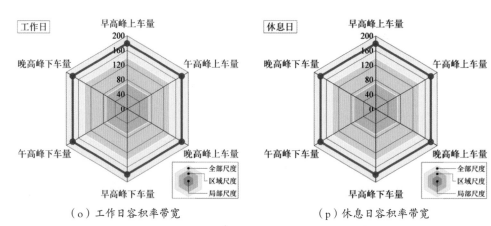

（o）工作日容积率带宽

（p）休息日容积率带宽

图11-2　工作日与休息日建成环境因素带宽对比（续）

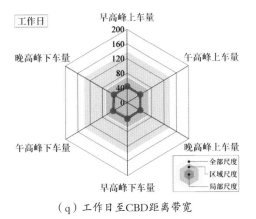

（q）工作日至CBD距离带宽

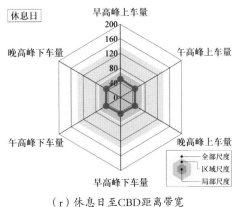

（r）休息日至CBD距离带宽

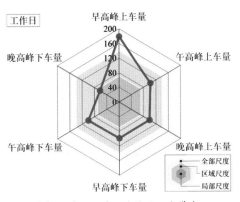

（s）工作日至最近地铁站距离带宽

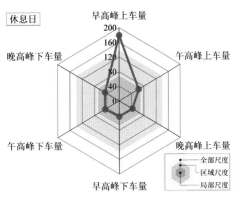

（t）休息日至最近地铁站距离带宽

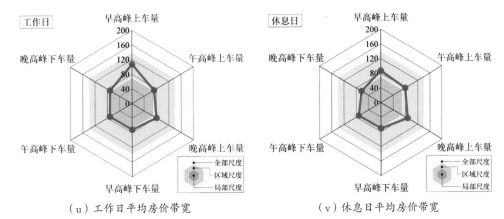

（u）工作日平均房价带宽

（v）休息日平均房价带宽

图11-2　工作日与休息日建成环境因素带宽对比（续）

的影响，网约车出行在早高峰的出发点与晚高峰的目的地主要以居住小区为主，该时段下，网约车的出行需求更加集中，从而产生较小的空间影响尺度。商业POI密度和至最近地铁站距离在工作日以区域和全局尺度为主，而在休息日不同时段主要以局部尺度居多。这可能是由于在工作日居民的出行行为以通勤为主，网约车与地铁出行模式较为固定，空间尺度较大。而在休息日，随着居民购物需求与休闲娱乐活动的增加，网约车与地铁出行的目的地选择更加多样，从而产生较小的空间尺度，这符合居民日常出行行为。相比工作日，土地利用混合熵在休息日的空间尺度整体较小，表明在休息日网约车出行受土地混合程度的影响更加敏感。平均房价在工作日与休息日具有相似的空间尺度，且对下车客流量均表现出局部空间尺度，这表明网约车目的地的选择与周边平均房价关系密切，不同房价会产生不同的网约车出行需求。

第12章

建成环境对网约车出行需求的弹性影响程度分析

在确定最佳空间单元并对不同时段建成环境因素的空间尺度进行分析后，对建成环境因素的弹性影响程度及其空间异质性进行探讨。作为局部空间回归模型，MGWR模型生成的弹性系数估计值能更准确地反映建成环境因素对网约车出行客流量的相对影响程度。本章将从工作日与休息日的早、午、晚三个高峰时段，分析成都市三环内建成环境弹性系数的显著性占比及数据离散程度，并对各建成环境因素的弹性影响程度进行对比，确定对网约车出行需求影响较大的建成环境因素。

12.1 工作日建成环境弹性影响程度分析

12.1.1 早高峰建成环境弹性系数及弹性影响程度分析

1. 早高峰建成环境弹性系数特征

在工作日早高峰时段，对影响网约车上下车客流量的建成环境弹性系数进行统计，结果见表12-1、表12-2，主要包括弹性系数的平均值、最小值、最大值、显著系数占比以及基于95%置信区间的弹性系数统计量。其中，弹性系数统计量包括正向显著系数与负向显著系数分别所占的比例以及各自的基尼系数。基尼系数是用来衡量一组数据公平性的统计量，可以对不同量纲的变量进行比较，以反映数据之间的离散程度[173]。基尼系数的取值范围在0到1之间，越接近0表示数据之间的差异越小，越接近1表示数据之间的差异越大。对于同一建成环境因素，不同空间单元弹性系数的差异体现了该因素对网约车出行需求影响程度的空间异质性。基尼系数越大，表明该变量弹性系数的数据离散程度越大，空间异质性相对较强。相反，基尼系数的越小，表明该变量弹性系数的数据离散程度越小，空间异质性相对较弱。

对比表12-1中上车客流量弹性系数统计结果，停车场密度、公共服务POI密度以及至最近地铁站距离对网约车上车客流量的弹性影响均不显著，容积率、商业POI密度和土地利用混合熵在全局范围内表现显著。至CBD距离、办公和居住POI密度的基尼系数较大，表明这些变量弹性系数的离散程度较大，需要后续对其空间异质性做进一步分析。对比表12-2中下车客流量弹性系数统计结果，停车场密度、办公POI密度、公共服务POI密度以及土地利用混合熵的弹性系数在全局均不显著；而容积率、居住POI密度、至CBD距离和至最近地铁站距离在全局范围内表现显著。除不显著的建成环境因素之外，至CBD距离、平均房价和至最近地铁站距离的基尼系数较大，表明这些变量对网约车下车客流量的弹性影响差异较大。

早高峰网约车上车客流量弹性系数统计结果　　　　　　　表12-1

变量名称	平均值	最小值	最大值	显著性占比（%）	正向显著系数		负向显著系数	
					基尼系数	占比（%）	基尼系数	占比（%）
人口密度	−0.025	−0.135	0.044	13	—	0	0.099	100
停车场密度	0.148	0.136	0.158	0	—	0	—	0
居住POI密度	0.069	−0.157	0.391	15	0.125	100	—	0
商业POI密度	0.416	0.409	0.426	100	0.005	100	—	0
办公POI密度	−0.324	−0.519	−0.178	96	—	0	0.142	100
公共服务POI密度	−0.024	−0.032	−0.016	0	—	0	—	0
容积率	−0.201	−0.208	−0.198	100	—	0	0.007	100
土地利用混合熵	0.322	0.314	0.336	100	0.011	100	—	0
至CBD距离	−0.180	−0.593	0.150	45	—	0	0.215	100
至最近地铁站距离	−0.019	−0.053	0.007	0	—	0	—	0
平均房价	−0.035	−0.107	0.130	9	0.059	100	—	0

早高峰网约车下车客流量弹性系数统计结果　　　　　　　表12-2

变量名称	平均值	最小值	最大值	显著性占比（%）	正向显著系数		负向显著系数	
					基尼系数	占比（%）	基尼系数	占比（%）
人口密度	0.029	−0.121	0.090	32	0.053	76	0.083	4
停车场密度	0.059	0.044	0.076	0	—	0	—	0
居住POI密度	−0.321	−0.326	−0.312	100	—	0	0.006	100
商业POI密度	0.672	0.493	0.828	49	0.045	100	—	0

续表

变量名称	平均值	最小值	最大值	显著性占比（%）	正向显著系数 基尼系数	正向显著系数 占比（%）	负向显著系数 基尼系数	负向显著系数 占比（%）
办公POI密度	-0.151	-0.158	-0.145	0	—	0	—	0
公共服务POI密度	0.006	-0.012	0.022	0	—	0	—	0
容积率	-0.269	-0.317	-0.095	0	—	0	—	0
土地利用混合熵	0.148	0.138	0.157	100	0.020	100	—	0
至CBD距离	-0.379	-0.650	-0.176	100	—	0	0.183	100
至最近地铁站距离	-0.033	-0.207	0.011	100	—	0	0.125	100
平均房价	0.029	-0.258	0.335	58	0.123	79	0.144	21

2. 早高峰建成环境弹性影响程度对比

为更直观地反映建成环境与网约车出行需求之间的弹性关系，通过弹性系数统计结果，对建成环境因素的弹性影响程度进行分析。由于MGWR的弹性系数具有空间异质性，不同位置的弹性系数可能存在较大差异。以往研究通过弹性系数的平均值无法准确衡量建成环境因素的弹性影响程度，甚至出现完全相反的结果。以表12-1中的平均房价为例，其弹性系数的平均值为-0.035，而该变量中显著的弹性系数均为正，如果以系数平均值进行分析会使结果出现较大误差。为此，本研究参考网约车上下车客流量中具有正向与负向影响的显著系数占比，分别汇总并计算建成环境显著因素的正向与负向弹性，以弹性系数的绝对值作为衡量弹性影响程度的指标。

工作日早高峰建成环境因素的弹性影响程度，如图12-1所示，其中暖色（左侧）为正向弹性系数，冷色（右侧）为负向弹性系数。对于早高峰上车客流量，容积率、居住POI密度、商业POI密度以及平均房价与因变量之间呈正相关，而人口密度、办公POI密度、土地利用混合熵以及至CBD距离具有负向影响，如图12-1（a）所示。将建成环境因素对早高峰上车客流量弹性影响程度的绝对值进行排序，由大到小依次为：商业POI密度>办公POI密度>容积率>至CBD距离>居住POI密度>土地利用混合熵>平均房价>人口密度。对于早高峰下车客流量，容积率、商业POI密度与因变量呈正相关，居住POI密度、至CBD距离以及至最近地铁站距离与因变量成负相关，人口密度和平均房价同时存在正向与负向影响，如图12-1（b）所示，不同影响程度的具体位置，需要后续对弹性系数进行空间可视化，进而探究弹性影响程度的空间异质性。早高峰下车客流量的建成环境弹性影响程度排序依次为：商业POI密度＞至CBD距离＞居住POI密度＞平均房价＞容积率＞至最近地铁站距离＞人口密度。

对比早高峰上下车客流量的建成环境弹性系数，发现上车量与下车量的建成环境显著因素略有不同，但影响程度最高的因素均为商业POI密度。同时，容积率、商业POI密度在网约车不同出行特征下均为正向影响，至CBD距离均为负向影响。值得注意的是，居住POI密度与网约车上车客流量呈正相关，与下车客流量呈负相关。在居住密集区，由于早高峰通勤需求量大，网约车上车客流量也随之升高，导致该地区的下车客流量随之降低。

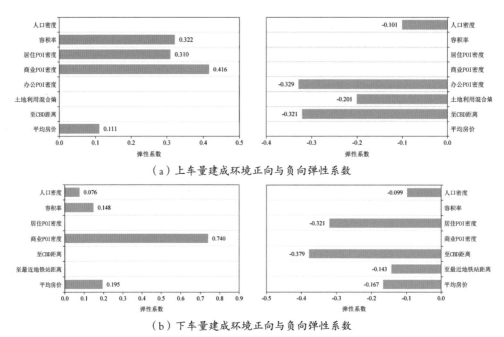

（a）上车量建成环境正向与负向弹性系数

（b）下车量建成环境正向与负向弹性系数

图12-1　工作日早高峰建成环境弹性影响程度对比

12.1.2　午高峰建成环境弹性系数及弹性影响程度分析

1. 午高峰建成环境弹性系数特征

在工作日午高峰时段，网约车上车客流量弹性系数统计结果，见表12-3。其中停车场密度、公共服务POI密度在全局范围内均不显著，商业POI密度和容积率在全局范围内表现显著，平均房价、至CBD距离和商业POI密度的基尼系数较大。表12-4为网约车下车客流量弹性系数统计结果，其中仅人口密度、容积率、至CBD距离、至最近地铁站距离和平均房价在空间上具有显著性，且容积率的显著性占比依旧覆盖整个研究区域。显著系数中，至CBD距离、至最近地铁站距离和平均房价的基尼系数较大，表明这些变量的弹性系数具有较大差异。

午高峰网约车上车客流量弹性系数统计结果 表12-3

变量名称	平均值	最小值	最大值	显著性占比（%）	正向显著系数		负向显著系数	
					基尼系数	占比（%）	基尼系数	占比（%）
人口密度	0.014	-0.109	0.052	8	—	0	0.088	100
停车场密度	0.019	0.014	0.025	0	—	0	—	0
居住POI密度	-0.133	-0.191	0.025	64	—	0	0.051	100
商业POI密度	0.670	0.441	0.902	100	0.127	100	—	0
办公POI密度	-0.147	-0.158	-0.141	36	—	0	0.010	100
公共服务POI密度	-0.006	-0.021	0.008	0	—	0	—	0
容积率	-0.171	-0.185	-0.152	32	—	0	0.008	100
土地利用混合熵	0.204	0.198	0.211	100	0.008	100	—	0
至CBD距离	-0.305	-0.583	0.031	85	—	0	0.170	100
至最近地铁站距离	0.024	-0.101	0.082	1	—	0	0.044	100
平均房价	0.047	-0.184	0.317	54	0.192	85	0.042	15

午高峰网约车下车客流量弹性系数统计结果 表12-4

变量名称	平均值	最小值	最大值	显著性占比（%）	正向显著系数		负向显著系数	
					基尼系数	占比（%）	基尼系数	占比（%）
人口密度	0.015	-0.105	0.076	16	0.029	48	0.067	52
停车场密度	0.033	0.025	0.043	0	—	0	—	0
居住POI密度	-0.136	-0.144	-0.127	0	—	0	—	0
商业POI密度	0.620	0.413	0.800	0	—	0	—	0
办公POI密度	-0.129	-0.141	-0.122	0	—	0	—	0
公共服务POI密度	0.000	-0.013	0.013	0	—	0	—	0
容积率	-0.099	-0.276	0.088	0	—	0	—	0
土地利用混合熵	0.178	0.171	0.185	100	0.013	100	—	0
至CBD距离	-0.348	-0.683	-0.045	94	—	0	0.178	100
至最近地铁站距离	-0.004	-0.296	0.134	9	—	0	0.145	100
平均房价	0.045	-0.231	0.347	62	0.122	77	0.106	23

2. 午高峰建成环境弹性影响程度对比

工作日午高峰建成环境因素的弹性影响程度，如图12-2所示。对于午高峰上车客流量，容积率和商业POI密度与因变量之间仅存在正相关，平均房价对因变量同时存在正向与负向影响，其余变量对因变量只具有负向影响，如图12-2a所示。将建成环境因素的弹性影响程度进行排序：商业POI密度＞至CBD距离＞容积率＞土地利用混合熵＞平均房价＞居住POI密度＞办公POI密度＞至最近地铁站距离＞人口密度，发现影响程度最大和最小的因素依旧为商业POI密度及人口密度。对于午高峰下车客流量，容积率与因变量呈正相关，至CBD和最近地铁站的距离与因变量成负相关，人口密度和平均房价同时存在正向与负向影响，如图12-2b所示。建成环境弹性影响程度排序依次为至CBD距离＞平均房价＞至最近地铁站距离＞容积率＞人口密度。

对比午高峰上下车客流量的建成环境弹性系数，发现上车量与下车量的建成环境显著因素差别较大，且上车量的商业POI密度影响程度最大，而下车量中至CBD距离影响程度最大。容积率始终保持正向影响，至CBD距离均为负向影响。

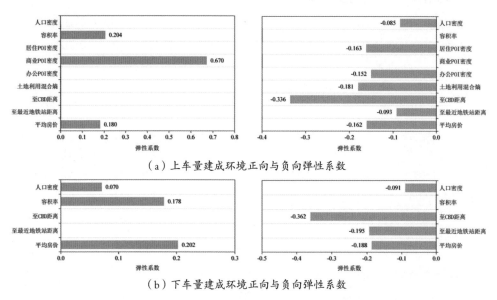

（a）上车量建成环境正向与负向弹性系数

（b）下车量建成环境正向与负向弹性系数

图12-2   工作日午高峰建成环境弹性影响程度对比

12.1.3 晚高峰建成环境弹性系数及弹性影响程度分析

1. 晚高峰建成环境弹性系数特征

在工作日晚高峰时段,网约车上车客流量的弹性系数统计结果,见表12-5。其中人口密度、停车场密度和公共服务POI密度在全局范围内均不显著,而商业和办公POI密度、土地利用混合熵以及容积率在全局范围内表现显著。至CBD距离、平均房价和商业POI密度的基尼系数较大。表12-6为网约车下车客流量的弹性系数统计结果,其中同样是人口密度、容积率、至CBD距离、至最近地铁站距离和平均房价5个变量在空间上具有显著性,与午高峰的弹性系数统计结果相似,仅容积率在全局表现显著。显著系数中,至CBD距离、至最近地铁站距离和平均房价的基尼系数较大,表明这些变量的弹性系数具有较大差异。

晚高峰网约车上车客流量弹性系数统计结果　　　　　　表12-5

变量名称	平均值	最小值	最大值	显著性占比（%）	正向显著系数		负向显著系数	
					基尼系数	占比（%）	基尼系数	占比（%）
人口密度	0.023	-0.019	0.049	0	—	0	—	0
停车场密度	0.077	0.066	0.088	0	—	0	—	0
居住POI密度	-0.206	-0.243	-0.106	94	—	0	0.057	100
商业POI密度	0.603	0.445	0.715	100	0.081	100	—	0
办公POI密度	-0.148	-0.158	-0.138	100	—	0	0.019	100
公共服务POI密度	0.055	-0.210	0.244	0	—	0	—	0
容积率	-0.153	-0.164	-0.142	100	—	0	0.022	100
土地利用混合熵	0.231	0.227	0.235	100	0.005	100	—	0
至CBD距离	-0.302	-0.731	-0.024	84	—	0	0.250	100
至最近地铁站距离	0.045	-0.100	0.099	0	—	0	—	0
平均房价	0.063	-0.155	0.233	63	0.111	86	0.048	14

晚高峰网约车下车客流量弹性系数统计结果   表12-6

变量名称	平均值	最小值	最大值	显著性占比（%）	正向显著系数		负向显著系数	
					基尼系数	占比（%）	基尼系数	占比（%）
人口密度	-0.016	-0.106	0.033	12	—	0	0.069	100
停车场密度	0.105	0.095	0.115	0	—	0	—	0
居住POI密度	-0.019	-0.132	0.171	0	—	0	—	0
商业POI密度	0.474	0.169	0.756	0	—	0	—	0
办公POI密度	-0.137	-0.159	-0.118	0	—	0	—	0
公共服务POI密度	0.037	0.029	0.047	0	—	0	—	0
容积率	-0.023	-0.204	0.123	0	—	0	—	0
土地利用混合熵	0.258	0.250	0.265	100	0.008	100	—	0
至CBD距离	-0.185	-0.700	0.172	34	—	0	0.179	100
至最近地铁站距离	0.022	-0.202	0.120	6	—	0	0.125	100
平均房价	0.082	-0.263	0.302	63	0.080	76	0.117	24

2. 晚高峰建成环境弹性影响程度对比

工作日晚高峰建成环境因素的弹性影响程度，如图12-3所示。对于晚高峰上车客流量，容积率和商业POI密度与因变量之间呈正相关，平均房价对因变量同时存在正向与负向影响，其余变量对因变量只具有负向影响，如图12-3a所示。将建成环境因素的弹性影响程度进行排序：商业POI密度＞至CBD距离＞容积率＞居住POI密度＞土地利用混合熵＞办公POI密度＞平均房价，发现影响程度最大和最小的因素分别为商业POI密度及平均房价。对于晚高峰下车客流量，容积率与因变量依旧呈正相关，至CBD和最近地铁站的距离与因变量成负相关，人口密度和平均房价同时存在正向与负向影响，如图12-3b所示。建成环境弹性影响程度排序依次为：至CBD距离＞平均房价＞至最近地铁站距离＞容积率＞人口密度。

对比晚高峰上下车客流量的建成环境弹性系数，发现上车量与下车量的建成环境显著因素具有一定差别，网约车上车客流量的商业POI密度影响程度最大，而下车客流量中至CBD距离影响程度最大。容积率始终保持正向影响，至CBD距离则始终保持负向影响。

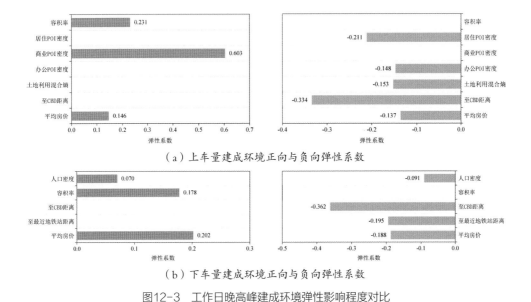

（a）上车量建成环境正向与负向弹性系数

（b）下车量建成环境正向与负向弹性系数

图12-3　工作日晚高峰建成环境弹性影响程度对比

12.2　休息日建成环境弹性影响程度分析

12.2.1　早高峰建成环境弹性系数及弹性影响程度分析

1．早高峰建成环境弹性系数特征

在休息日早高峰时段，网约车上车客流量的弹性系数统计结果，见表12-7。其中停车场密度、公共服务POI密度和至最近地铁站距离不显著，商业POI密度、至CBD距离和平均房价的基尼系数及空间离散程度较大。表12-8为网约车下车客流量的弹性系数统计结果，其中大部分变量均不显著，至CBD距离、平均房价和至最近地铁站距离的基尼系数较大，表明这些变量的弹性影响程度在空间上存在较大差异。

<table>
<tr><td colspan="8">早高峰网约车上车客流量弹性系数统计结果</td><td>表12-7</td></tr>
<tr><td rowspan="3">变量名称</td><td rowspan="3">平均值</td><td rowspan="3">最小值</td><td rowspan="3">最大值</td><td rowspan="3">显著性
占比
（%）</td><td colspan="2">正向显著系数</td><td colspan="2">负向显著系数</td></tr>
<tr><td>基尼
系数</td><td>占比
（%）</td><td>基尼
系数</td><td>占比
（%）</td></tr>
<tr></tr>
<tr><td>人口密度</td><td>-0.037</td><td>-0.231</td><td>0.076</td><td>20</td><td>—</td><td>0</td><td>0.190</td><td>100</td></tr>
<tr><td>停车场密度</td><td>-0.001</td><td>-0.006</td><td>0.006</td><td>0</td><td>—</td><td>0</td><td>—</td><td>0</td></tr>
</table>

续表

变量名称	平均值	最小值	最大值	显著性占比（%）	正向显著系数		负向显著系数	
					基尼系数	占比（%）	基尼系数	占比（%）
居住POI密度	0.036	−0.028	0.237	8	0.056	100	—	0
商业POI密度	0.885	0.564	1.142	100	0.098	100	—	0
办公POI密度	−0.440	−0.455	−0.426	100	—	0	0.009	100
公共服务POI密度	−0.103	−0.115	−0.092	0	—	0	—	0
容积率	−0.334	−0.352	−0.312	100	—	0	0.019	100
土地利用混合熵	0.261	0.252	0.272	100	0.010	100	—	0
至CBD距离	−0.130	−0.380	0.201	31	—	0	0.145	100
至最近地铁站距离	−0.007	−0.047	0.016	0	—	0	—	0
平均房价	−0.035	−0.200	0.069	8	—	0	0.057	100

早高峰网约车下车客流量弹性系数统计结果　　　　　　表12-8

变量名称	平均值	最小值	最大值	显著性占比（%）	正向显著系数		负向显著系数	
					基尼系数	占比（%）	基尼系数	占比（%）
人口密度	−0.015	−0.137	0.093	15	0.024	11	0.081	89
停车场密度	0.127	−0.241	0.302	0	—	0	—	0
居住POI密度	−0.095	−0.099	−0.087	0	—	0	—	0
商业POI密度	−0.046	−0.063	−0.026	0	—	0	—	0
办公POI密度	0.042	0.039	0.046	0	—	0	—	0
公共服务POI密度	0.275	0.265	0.282	0	—	0	—	0
容积率	0.162	−0.033	0.320	9	0.047	100	—	0
土地利用混合熵	0.128	0.117	0.134	0	—	0	—	0
至CBD距离	−0.293	−0.681	−0.009	79	—	0	0.228	100
至最近地铁站距离	−0.057	−0.356	0.167	19	0.030	29	0.128	71
平均房价	0.089	−0.205	0.311	63	0.150	79	0.075	21

2. 早高峰建成环境弹性影响程度对比

休息日晚高峰建成环境因素的弹性影响程度，如图12-4所示。对于早高峰上车客流量，容积率、居住及商业POI密度与因变量之间呈正相关，其余变量均表现出负向影响，如图12-4a所示。将建成环境因素的弹性影响程度进行排序：商业POI密度＞办公POI密度＞土地利用混合熵＞至CBD距离＞容积率＞居住POI密度＞平均房价＞人口密度。对于晚高峰下车客流量，仅至CBD距离呈现负相关，其余变量与因变量之间的关系同时存在正向与负向影响，如图12-4b所示。建成环境弹性影响程度排序依次为至CBD距离＞土地利用混合熵＞至最近地铁站距离＞平均房价＞人口密度。

对比晚高峰上下车客流量的建成环境弹性系数，发现上车客流量的建成环境显著因素较多，且商业POI密度的影响程度最大，而对于网约车下车客流量，影响程度最大的因素为至CBD距离。值得注意的是，土地利用混合熵与网约车上车客流量具有负相关，而对于网约车下车客流量则表现出正向影响，这种弹性影响程度的空间异质性，需要后续结合各弹性系数的空间分布进行详细分析。

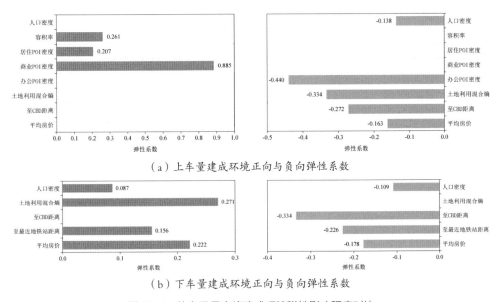

（a）上车量建成环境正向与负向弹性系数

（b）下车量建成环境正向与负向弹性系数

图12-4 休息日早高峰建成环境弹性影响程度对比

12.2.2 午高峰建成环境弹性系数及弹性影响程度分析

1. 午高峰建成环境弹性系数特征

在休息日午高峰时段，网约车上车客流量的弹性系数统计结果，见表12-9。其中人口密度、停车场密度、居住POI密度和公共服务POI密度在全局范围内均不显著；容积率、商业和办公POI密度在全局范围内表现显著。表12-10为网约车下车客流量的弹性系数统计结果，除人口密度、商业POI密度、至CBD距离、至最近地铁站距离和平均房价五个建成环境因素外，其余变量均不显著。对比上下车客流量建成环境基尼系数，发现至CBD距离、平均房价和至最近地铁站距离的弹性影响程度对网约车上下车客流量均表现出较大差异。

午高峰网约车上车客流量弹性系数统计结果   表12-9

变量名称	平均值	最小值	最大值	显著性占比（%）	正向显著系数		负向显著系数	
					基尼系数	占比（%）	基尼系数	占比（%）
人口密度	-0.018	-0.336	0.115	0	—	0	—	0
停车场密度	-0.016	-0.023	-0.009	0	—	0	—	0
居住POI密度	-0.194	-0.271	-0.052	0	—	0	—	0
商业POI密度	1.253	0.915	1.535	100	0.092	100	—	0
办公POI密度	-0.449	-0.467	-0.440	100	—	0	0.008	100
公共服务POI密度	-0.134	-0.152	-0.115	0	—	0	—	0
容积率	-0.436	-0.564	-0.257	20	—	0	0.042	100
土地利用混合熵	0.193	0.187	0.201	100	0.010	100	—	0
至CBD距离	-0.292	-0.583	0.031	80	—	0	0.178	100
至最近地铁站距离	0.033	-0.182	0.174	3	—	0	0.139	100
平均房价	-0.005	-0.230	0.233	8	0.099	100	—	0

午高峰网约车下车客流量弹性系数统计结果   表12-10

变量名称	平均值	最小值	最大值	显著性占比（%）	正向显著系数		负向显著系数	
					基尼系数	占比（%）	基尼系数	占比（%）
人口密度	-0.019	-0.180	0.041	12	—	0	0.129	100
停车场密度	0.101	0.086	0.113	0	—	0	—	0
居住POI密度	-0.283	-0.300	-0.263	0	—	0	—	0
商业POI密度	1.472	1.011	1.841	9	0.074	100	—	0
办公POI密度	-0.517	-0.545	-0.502	0	—	0	—	0
公共服务POI密度	-0.235	-0.256	-0.207	0	—	0	—	0
容积率	-0.474	-0.702	-0.221	0	—	0	—	0
土地利用混合熵	0.117	0.105	0.128	0	—	0	—	0
至CBD距离	-0.307	-0.773	0.059	59	—	0	0.218	100
至最近地铁站距离	0.034	-0.327	0.201	8	0.000	6	0.139	94
平均房价	0.027	-0.286	0.386	44	0.167	70	0.077	30

2. 午高峰建成环境弹性影响程度对比

休息日午高峰建成环境因素的弹性影响程度，如图12-5所示。对于午高峰上车客流量，容积率、商业POI密度和平均房价与因变量之间呈正相关，人口密度、办公POI密度、土地利用混合熵、至CBD和最近地铁站距离与因变量之间呈负相关，如图12-5a所示。将建成环境因素的弹性影响程度进行排序，依次为商业POI密度＞土地利用混合熵＞办公POI密度＞至CBD距离＞人口密度＞容积率＞平均房价＞至最近地铁站距离，影响程度最大和最小的因素分别为商业POI密度及至最近地铁站距离。对于午高峰下车客流量，仅商业POI密度为正向影响，人口密度与至CBD距离依旧为负向影响，至最近地铁站距离和平均房价同时存在正向与负向影响，如图12-5b所示。午高峰下车客流量模型中，建成环境弹性影响程度由大到小依次为商业POI密度＞至CBD距离＞平均房价＞至最近地铁站距离＞人口密度。

对比午高峰上下车客流量的建成环境弹性系数，发现商业POI密度的弹性系数始终为正，且影响程度最大，至最近地铁站距离和平均房价对于网约车下车客流量的影响既有正向也有负向，但弹性影响程度普遍较低。

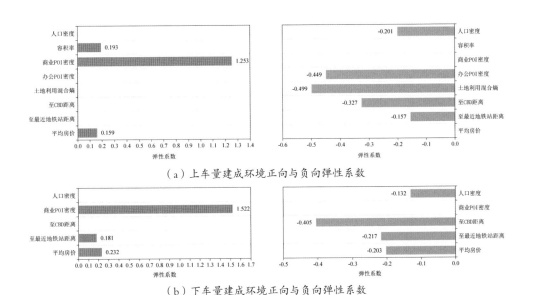

（a）上车量建成环境正向与负向弹性系数

（b）下车量建成环境正向与负向弹性系数

图12-5　休息日午高峰建成环境弹性影响程度对比

12.2.3　晚高峰建成环境弹性系数及弹性影响程度分析

1. 晚高峰建成环境弹性系数特征

在休息日晚高峰时段，网约车上车客流量的弹性系数统计结果，见表12-11。其中商业、办公POI密度、土地利用混合熵和容积率在全局表现显著，办公POI密度、至CBD距离和平均房价在网约车上车客流量中的基尼系数较大，表明这些变量的弹性影响程度在空间上存在较大差异。表12-12为网约车下车客流量的弹性系数统计结果，其中仅容积率表现在全局表现显著，人口密度、至CBD距离、至最近地铁站和平均房价在部分区域具有显著性，其余变量均不显著。对比各变量的基尼系数，发现至CBD距离、至最近地铁站和平均房价对网约车出行需求的影响差异较大。

晚高峰网约车上车客流量弹性系数统计结果　　　　　　表12-11

变量名称	平均值	最小值	最大值	显著性占比（%）	正向显著系数		负向显著系数	
					基尼系数	占比（%）	基尼系数	占比（%）
人口密度	−0.012	−0.184	0.052	12	—	0	0.146	100
停车场密度	0.017	0.005	0.028	0	—	0	—	0
居住POI密度	−0.157	−0.223	−0.056	78	—	0	0.057	100
商业POI密度	0.950	0.634	1.231	100	0.081	100	—	0
办公POI密度	−0.327	−0.343	−0.317	100	—	0	0.190	100
公共服务POI密度	−0.071	−0.093	−0.052	0	—	0	—	0
容积率	−0.276	−0.299	−0.246	100	—	0	0.022	100
土地利用混合熵	0.199	0.190	0.207	100	0.013	100	—	0
至CBD距离	−0.265	−0.576	0.054	81	—	0	0.178	100
至最近地铁站距离	0.022	−0.262	0.204	6	0.000	8	0.114	92
平均房价	0.050	−0.141	0.238	40	0.180	97	0.012	3

晚高峰网约车下车客流量弹性系数统计结果　　　　　　表12-12

变量名称	平均值	最小值	最大值	显著性占比（%）	正向显著系数		负向显著系数	
					基尼系数	占比（%）	基尼系数	占比（%）
人口密度	−0.012	−0.100	0.051	6	—	0	0.046	100
停车场密度	0.064	0.050	0.077	0	—	0	—	0

续表

变量名称	平均值	最小值	最大值	显著性占比（%）	正向显著系数		负向显著系数	
					基尼系数	占比（%）	基尼系数	占比（%）
居住POI密度	-0.034	-0.139	0.087	0	—	0	—	0
商业POI密度	0.784	0.463	1.101	0	—	0	—	0
办公POI密度	-0.284	-0.304	-0.267	0	—	0	—	0
公共服务POI密度	-0.023	-0.036	-0.010	0	—	0	—	0
容积率	-0.126	-0.332	0.038	0	—	0	—	0
土地利用混合熵	0.232	0.223	0.241	100	0.013	100	—	0
至CBD距离	-0.161	-0.583	0.183	31	—	0	0.156	100
至最近地铁站距离	0.029	-0.249	0.153	6	0.000	9	0.114	91
平均房价	0.054	-0.283	0.389	59	0.148	74	0.092	26

2. 晚高峰建成环境弹性影响程度对比

休息日晚高峰建成环境因素的弹性影响程度，如图12-6所示。对于晚高峰上车客流量，容积率和商业POI密度与因变量之间呈正相关，至最近地铁站距离和平均房价对因变量同时存在正向与负向影响，其余变量对因变量仅具有负向影响，如图12-6a所示。将建成环境因素的弹性影响程度进行排序：商业POI密度＞办公POI密度＞至CBD距离＞土地利用混合熵＞容积率＞至最近地铁站距离＞居住POI密度＞平均房价＞人口密度，发现影响程度最大和最小的因素依旧为商业POI密度及人口密度。对于晚高峰下车客流量，容积率与因变量呈正相关，人口密度和至CBD距离与因变量成负相关，至CBD距离和平均房价同时存在正向与负向影响，如图12-6b所示。建成环境弹性影响程度排序依次为至CBD距离＞平均房价＞容积率＞至最近地铁站距离＞人口密度。

对比晚高峰上下车客流量的建成环境弹性系数，发现上车量与下车量的建成环境显著因素差别较大，且上车量的商业POI密度影响程度最大，而下车量中至CBD距离影响程度最大。容积率始终保持正向影响，而至CBD距离始终为负向影响，至最近地铁站距离和平均房价在上下车客流量中同时具有不同方向的影响程度，可在后续建成环境空间异质性研究中进一步分析弹性系数的空间变化规律。

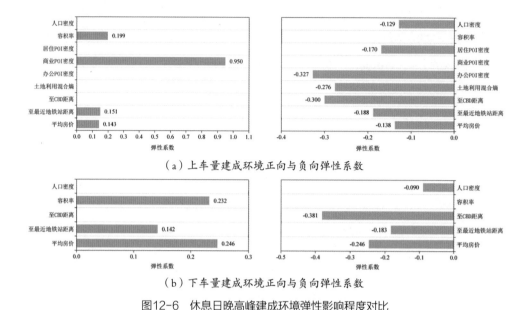

（a）上车量建成环境正向与负向弹性系数

（b）下车量建成环境正向与负向弹性系数

图12-6　休息日晚高峰建成环境弹性影响程度对比

12.3　工作日与休息日建成环境弹性影响程度对比

将建成环境因素对网约车客流量影响的弹性系数进行对比，作为衡量各建成环境因素重要性程度的指标。从工作日与休息日不同时段及网约车上车量与下车量共12个方面，对不同情况下建成环境因素的重要性程度进行排序，如图12-7所示。图中横坐标表示网约车出行的不同情况，即工作日早高峰上车量（GZS）、工作日午高峰上车量（GPS）、工作日晚高峰上车量（GWS）、休息日早高峰上车量（XZS）、休息日午高峰上车量（XPS）、休息日晚高峰上车量（XWS）、工作日早高峰下车量（GZX）、工作日午高峰下车量（GPX）、工作日晚高峰下车量（GWX）、休息日早高峰下车量（XZX）、休息日午高峰下车量（XPX）、休息日晚高峰下车量（XWX）。纵坐标表示建成环境因素的重要性程度，在某一种网约车出行情况下，纵坐标的值越大表示该建成环境因素的影响程度排序越靠前，对网约车出行需求的影响越大。

根据图12-7可知，不论工作日还是休息日，商业POI密度对于网约车上车量的弹性影响程度始终最高，而对工作日午、晚高峰以及休息日早、晚高峰的网约车下车量的影响并不显著。这表明商业POI密度是影响网约车上车量最重要的因素之一，在未来可以通过降低商业设施比例来有效抑制网约车出行需求。而人口密度在不同时段的弹性系数普遍较低，表明随着该因素的变化，网约车出行客流量随之变化的幅度较为

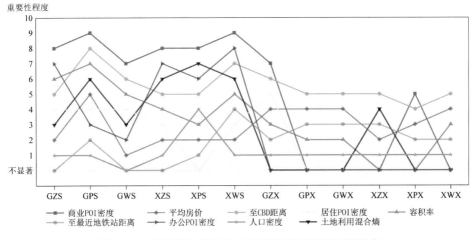

图12-7　建成环境对网约车出行客流量的相对重要性程度

微弱。至CBD距离和平均房价的弹性系数工作日与休息日所有时段均表现显著，其中至CBD距离的弹性影响程度整体较高，且重要性程度在不同时段均稳定在较高水平。而平均房价在不同时段的弹性影响程度相对较低。办公POI密度和土地利用混合熵的弹性系数主要在网约车上车客流量模型中表现显著，且不同时段的弹性影响程度变化较大。可能是由于网约车上车点常出现在办公密集或土地混合度较高的区域，且随着不同时段的变化，网约车出行客流量也存在一定差异。相反，网约车下车点的选择则相对多样，受不同出行目的的影响，网约车下车量的空间位置也相对分散，从而降低建成环境因素对网约车下车量影响的显著性。分析不同时段下建成环境因素的弹性影响大小及相对重要性程度，确定不同时段影响程度较高的变量，可以在未来调整网约车出行需求的过程中，提出具有针对性的解决方案，节省社会成本并提高更新效率。以图12-7工作日早高峰上车量情况为例，其中商业和办公POI密度的重要性程度较高，对改善网约车出行需求更加有效。对于城市核心区，需要限制网约车出行以保障城市交通畅通，可以通过控制核心区商业办公设施的比例来有效降低网约车出行需求；而对于城市边缘新开发的区域，提高新区商业办公设施的比例，能更快地吸引网约车出行，丰富新区交通系统，从而缓解市中心交通压力。

—— 第**13**章 ——

建成环境弹性影响的空间异质性研究

建成环境对网约车出行需求的弹性影响程度不仅受不同时段的影响，而会随着空间位置的变化而发生改变。基于交通分区最佳空间单元，将成都市三环区域内的网约车上下车量密度作为因变量，将工作日与休息日早、午、晚三个时段的建成环境弹性系数进行空间可视化，分析不同时段建成环境弹性影响程度的空间异质性及其产生的原因。

13.1   工作日建成环境弹性系数空间异质性分析

13.1.1   工作日上车客流量弹性系数空间格局分析

为进一步分析网约车上车客流量的弹性在空间和时间上的变化，对早、午、晚三个高峰时段具有显著性的建成环境弹性系数进行空间可视化，以直观反映建成环境与网约车出行需求之间的弹性关系。从建成环境"5D"维度（密度、多样性、设计、目的地可达性、交通距离）及社会经济属性六个方面，分析各建成环境弹性影响程度的空间分异特征。图13-1为工作日不同时段上车客流量的弹性系数空间格局，弹性系数为正表示该变量与网约车出行需求呈正相关，用红色表示；弹性系数为负表示该变量与网约车出行需求呈负相关，用蓝色表示；弹性系数的绝对值越大，表示该变量对因变量的弹性影响程度越大，颜色越深。

人口密度以及居住、商业、办公POI密度作为建成环境密度维度中的重要因素，用来衡量单位面积的密集程度对网约车出行需求的影响。图13-1a为工作日不同时段人口密度的弹性系数分布，其中人口密度仅在早、午两个时段表现出显著负相关，并具有相似的梯度分布特征。弹性影响程度由城市一环区域向城市东北方向递增，但弹性系数较小，空间异质性整体较弱。人口密度与网约车上车客流量呈负相关，可能是由于该区域位于城市边缘，且紧邻交通性干道，居民出行以长途出行为主，导致网约车出行需求较低。图13-1b为居住POI密度的弹性系数分布，对比不同时段发现，居住POI密度弹性影响程度的空间异质性较强。整体来看，该因素仅在工作日早高峰表现出显著正相关，且弹性系数在0.188~0.391之间，其余时段均为显著负相关，弹性系数在-0.150左右，且整体均呈现空间梯度分布。早高峰呈现正相关性可能是由于早高峰通勤行为的影响，居住越密集的地区网约车上车客流量越大，且在城市东北区域的影响尤为明显。而对于工作日的中午和晚间时段，居民大多位于商业办公区，此时居住区的网约车需求自然较低。图13-1c为商业POI密度的弹性系数分布，对比发现，商业POI密度的弹性系数在全局表现显著且弹性系数均在0.4以上，弹性影响程度大，这与前两章该变量的空间尺度及弹性影响程度的分析结果相一致。在不同时段，商业POI密度的弹性影响程度均呈现圈层式分布，即由城市中心向城市外围逐渐降低。其中商业设施在早高峰靠近城市南部影响较大，午高峰在城市北部整体影响较大，而在晚高峰的城市东部区域影响较大。图13-1d为办公POI密度的弹性系数分布，对比发现，办公设施对网约车上车客流量的影响在不同时段均呈现负相关。在早高峰，办公设施的弹性影响呈现圈层式分布，且弹性系数取值范围在-0.519~-0.155之间，对网约车上车客流量具有较大的负向影响。而在其他时段均呈现由北向南逐渐降低的梯度式分布，弹性系数在-0.150左右，影响程度较小。

土地利用混合熵作为建成环境多样性维度的主要因素，表示不同用地性质的混合程度。图13-1e为土地利用混合熵的弹性系数分布，可以看出，在三个时段土地利用混合熵与因变量之间均存在显著负相关，可能是由于高混合程度区域的交通流量和拥堵程度普遍较高，可能影响网约车的出行速度和效率。同时，在混合程度较高的区域，公共交通设施更加完备，居民更倾向于选择公共交通及非机动化出行。在早高峰，弹性系数呈现由西南向东北逐渐降低的梯度分布，而在午高峰和晚高峰这种影响变为由北向南递减的趋势。

容积率作为建成环境设计维度的主要因素，表示城市中土地利用的开发强度。图13-1f为容积率的弹性系数分布，对比发现，不同时段的容积率均在全局影响网约车上车需求，且呈现出圈层式分布特征。随着容积率的提高，越靠近城市外围，网约车上车需求的变化量越大，这可能是由于目前城市中心的开发强度已经较高，而城市外围开发强度较弱。因此，对于城市外围区域，提高容积率能够显著增加网约车出行需求。

至CBD距离作为建成环境目的地可达性维度的主要因素，一般越靠近城市中心，表示该区域的交通越便利。图13-1g为至CBD距离的弹性系数分布，可以看出，至CBD距离的弹性系数在早、午、晚三个时段均呈现负相关性，且具有相似的圈层式分布特征。对比发现，晚高峰至CBD距离的弹性影响程度较大，弹性系数在-0.731～-0.145之间。越靠近城市外围，距离城市中央商务区的距离越大，受网约车出行成本的影响，距离越远，公交、地铁等公共交通的使用率越高，导致网约车上车客流量随之降低。

至最近地铁站距离作为建成环境交通距离维度的主要因素，表示城市中公共交通的可达性，距离地铁站越近，交通出行越便利。图13-1h为至最近地铁站距离的弹性系数分布，可以看出，该建成环境因素仅在午高峰时段城市南部极小范围内表现出显著负相关，即距离地铁站越近，乘坐网约车出行的需求越大。这可能是由于一部分乘客先乘坐地铁到达目的地附近，再通过网约车出行解决最后一公里的问题，在一定程度上符合居民日常出行需求。

平均房价作为新增添的社会经济属性因素，一定程度上反映了居民的收入水平。图13-1i为平均房价的弹性系数分布，可以看出，平均房价的弹性系数在不同时段具有显著的空间异质性。在早高峰城市东部，平均房价呈现出微弱的正向影响，弹性系数取值范围在0.090～0.130之间；而在中午和晚间时段，平均房价对三环范围内的网约车上车客流量同时存在正向与负向影响，弹性系数范围-0.184～0.317，空间上呈现多核式分布。对于午高峰和晚高峰时段，负向弹性系数主要分布在城市二环以南区域，该区域内的房价处于全市平均水平。一般来说，居民收入越高，越容易选择网约车作为交通出行方式，但该区域中覆盖了成都火车南站及两所三甲医院，使网约车上车客流量急剧增加，而该地区的平均房价仍处于正常水平范围内，从而导致该区域出现了一定程度的负向结果。

13.1.2 工作日下车客流量弹性系数空间格局分析

工作日早、午、晚三个时段下车客流量的弹性系数空间格局，如图13-2所示。以网约车下车量密度作为因变量，分析各建成环境弹性系数的空间异质性。

从建成环境密度维度来看，图13-2a为人口密度的弹性系数分布，对比发现，人口密度的弹性系数在不同时段具有空间异质性，在早晨和中午时段，人口密度在城市西部对网约车下车客流量具有显著的正向影响，而在城市东部呈现显著负相关。随着不同时段的变化，具有正向影响的区域由早到晚逐渐减少，人口密度弹性系数的多核分布特征也随着时间推移逐渐减弱，在晚高峰演变为负向梯度式分布。图13-2b为居

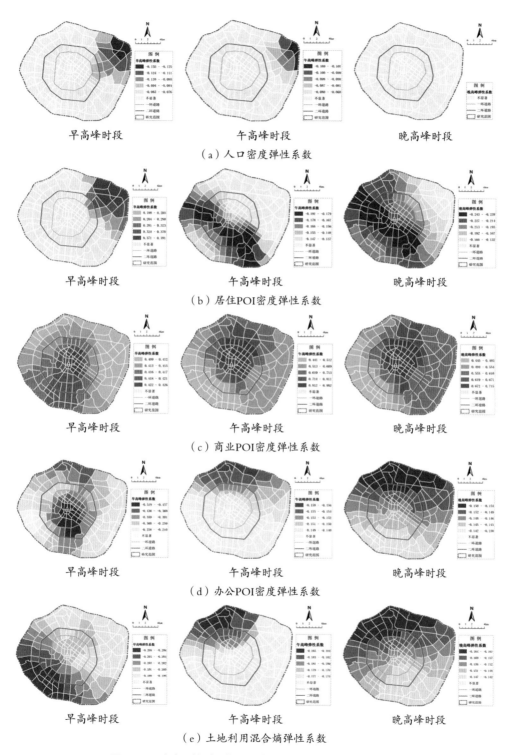

（a）人口密度弹性系数

（b）居住POI密度弹性系数

（c）商业POI密度弹性系数

（d）办公POI密度弹性系数

（e）土地利用混合熵弹性系数

图13-1　建成环境对工作日上车量密度的弹性系数空间格局

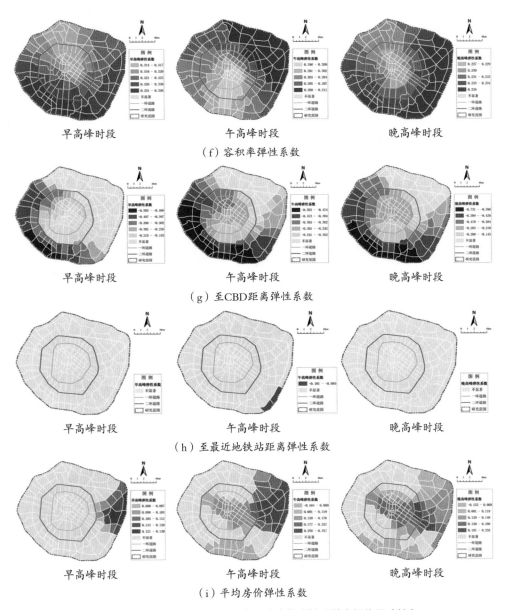

（f）容积率弹性系数

（g）至CBD距离弹性系数

（h）至最近地铁站距离弹性系数

（i）平均房价弹性系数

图13-1　建成环境对工作日上车量密度的弹性系数空间格局（续）

住POI密度的弹性系数分布，与影响网约车上车客流量的结果不同，居住POI密度在工作日对网约车下车量的弹性影响呈现出全局显著的负向圈层式分布，且越靠近城市中心弹性影响程度越大。同样受早高峰通勤行为的影响，居住密集区具有更高的网约车上车需求，则相对具有更低的下车需求。图13-2c为商业POI密度弹性系数空间分布，可以看出，商业POI密度仅在早高峰的城市北部区域显著影响网约车下车客流量，弹性系数范围为0.623 ~ 0.828。虽然商业POI密度影响的显著区域较少，但对因变量依然具有较高的弹性影响程度。且越靠近城市中心，弹性影响程度越高。

从建成环境设计维度来看，图13-2d为容积率的弹性系数分布，与工作日上车客流量的影响程度及空间分布相似，容积率与因变量之间在不同时段均具表现为全局显著的正相关关系，且空间分布呈现出由西北向东南逐渐降低的梯度式分布。表明在城市西北部，容积率对网约车下车客流量的影响最大，可能是由于该地区容积率水平整体较低，对容积率提高相同的比例，在该区域的提升效果最好。

从建成环境目的地可达性维度来看，图13-2e为至CBD距离的弹性系数分布，可以看出，该建成环境因素对网约车下车客流量的影响在早、午、晚三个时段均表现出显著负相关，与网约车上车客流量的结果相似，在不同时段的弹性影响程度均呈现出由中心向外围逐渐增加的圈层式分布。

从建成环境交通距离维度来看，图13-2f为至最近地铁站距离的弹性系数分布，对比发现，至最近地铁站距离在不同时段对网约车下车客流量的影响十分相似，显著系数均分布在城市东南部。表明在该区域，距离地铁站越近，网约车下车客流量越大。

从社会经济属性来看，图13-2g为平均房价的弹性系数分布，对比发现，平均房价对网约车下车客流量的弹性影响在不同时段也具有相似的多核分布特征。在城市的中部和东部，平均房价越高，网约车下车需求越大。在城市北部地区，成都火车站以及万达广场等商业核心区位于其中，增加了网约车客流量，而该地区平均房价仍处在相对较低的水平，因此在城市北部出现一定范围的负相关。

13.2　休息日建成环境弹性系数空间异质性分析

13.2.1　休息日上车客流量弹性系数空间格局分析

休息日早、午、晚三个时段上车客流量的弹性系数空间格局，如图13-3所示。以网约车上车量密度作为因变量，分析各建成环境弹性系数的空间异质性。

从建成环境密度维度来看，图13-3a为人口密度的弹性系数分布，对比发现，人口密度的弹性系数在休息日不同时段具有相似的空间格局，显著区域均位于城市东

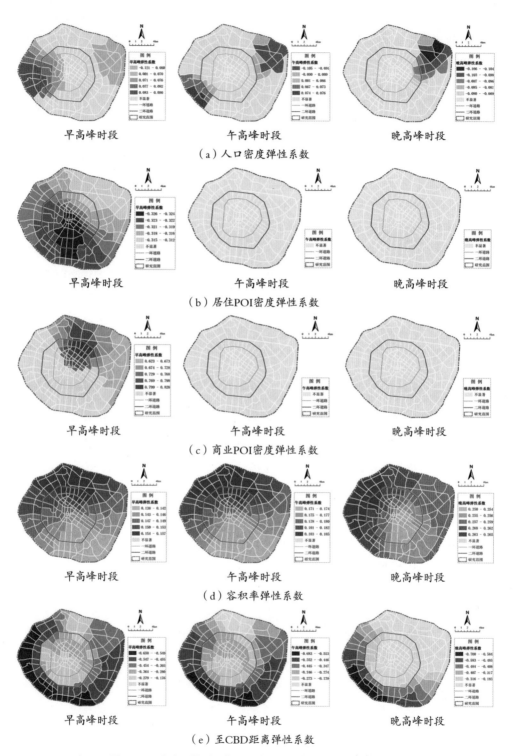

（a）人口密度弹性系数

（b）居住POI密度弹性系数

（c）商业POI密度弹性系数

（d）容积率弹性系数

（e）至CBD距离弹性系数

图13-2　建成环境对工作日下车量密度的弹性系数空间格局

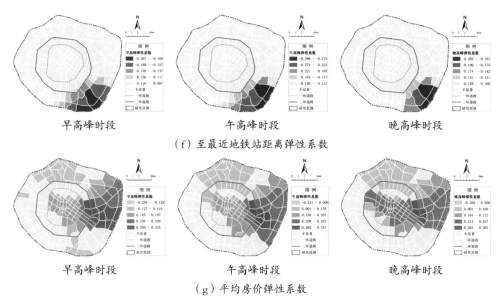

（f）至最近地铁站距离弹性系数

（g）平均房价弹性系数

图13-2　建成环境对工作日下车量密度的弹性系数空间格局（续）

北部，呈现由城市一环向外围递增的负向梯度分布。弹性系数取值范围在-0.336～-0.076之间，空间异质性较弱。图13-3b为居住POI密度的弹性系数分布，与影响网约车上车客流量的空间分布相似，居住POI密度在休息日早高峰对网约车上车需求在城市东北部呈现显著正相关，弹性系数取值范围在0.172～0.237；在晚高峰在城市中部及南部区域呈现显著负相关，弹性系数取值范围在-0.223～-0.140。不同时段居住POI密度弹性系数均呈现梯度式分布，且空间异质性较弱。表明居民在休息日的出行行为仍具有一定规律性，早高峰居住密集区具有更高的网约车上车需求，而休息日晚高峰主要以休闲购物为主，居住区附近的网约车出行需求较少。图13-3c为商业POI密度弹性系数空间分布，可以看出，商业POI密度在三个时段均表现出全局显著的正相关性及圈层式分布，弹性系数取值范围在0.564～1.535之间，具有较强的空间分布差异。越靠近城市中心，商业POI密度对网约车出行需求的影响越大，可能是由于城市中心具有较强的集聚效应，商业设施种类和规模的增加更能吸引人们前来购物消费，并且城市中心交通状况较差，网约车出行相比公交或自驾可能会更快到达目的地。图13-3d为办公POI密度弹性系数空间分布，对比发现，办公POI密度在三个时段均表现为显著的全局负相关，弹性系数呈现由北向南逐渐降低的梯度分布，取值范围在-0.467～-0.317，弹性影响程度差异较小。

　　从建成环境多样性维度来看，图13-3e为土地利用混合熵弹性系数空间分布，该建成环境因素在三个时段均负向影响。休息日网约车上车客流量，在城市北部，土地利用混合熵的弹性影响程度最大，弹性系数取值范围在-0.564～-0.246。一般在土地利用混合程度较高的区域，街道设计更加考虑行人的出行体验且周边各类设施较为丰富，基本满足居民的日常需求，从而降低部分网约车的短距离出行。同时，混合度较高的区域周边会停靠大量出租车，也给网约车出行造成一定影响。

　　从建成环境设计维度来看，图13-3f为容积率弹性系数空间分布，与工作日弹性系数分布相似，不同时段的容积率均在全局影响网约车上车需求，且呈现出圈层式分布特征。随着容积率的提高，越靠近城市外围，网约车上车需求的变化量越大，在城市外围对容积率进行相应提高能够显著提高网约车出行客流量，缓解城市中心交通拥堵问题。

　　从建成环境目的地可达性维度来看，图13-3g为至CBD距离的弹性系数分布，与工作日影响网约车上车量的弹性系数分布相似，该建成环境因素对网约车上车客流量的影响在三个时段均表现出显著负相关，且弹性影响程度均呈现圈层式分布，越靠近城市外围影响越大。

　　从建成环境交通距离维度来看，图13-3h为至最近地铁站距离的弹性系数分布，除早高峰不显著外，其他时段与网约车上车客流量的关系以负相关为主，在晚高峰城市西北部出现较小范围的正相关，可能是由于该区域周边地铁等公共交通可达性相对较差，导致网约车出行需求随之升高，从而呈现显著的正相关性。

　　从社会经济属性来看，图13-3i为平均房价的弹性系数分布，对比发现，平均房价对网约车上车客流量的影响，在早高峰平均房价在城市南部的弹性系数取值范围在-0.200～-0.116之间，受成都火车南站的影响，与网约车上车客流量呈负相关；在午高峰城市东南部，平均房价的弹性系数在0.116～0.233之间，该区域平均房价较高，距离成都火车东站和市区最大的塔子山综合公园较近，这些地区在休息日均能产生大量网约车出行需求，使平均房价与网约车上车客流量呈现出显著正相关。而在晚高峰平均房价弹性系数的空间差异较大，弹性范围在-0.141～0.238之间，同时存在正向与负向影响。

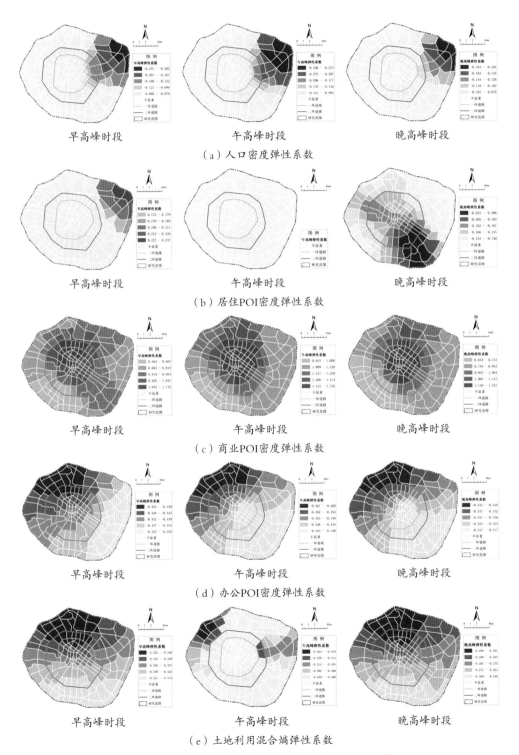

（a）人口密度弹性系数

（b）居住POI密度弹性系数

（c）商业POI密度弹性系数

（d）办公POI密度弹性系数

（e）土地利用混合熵弹性系数

图13-3　建成环境对休息日上车量密度的弹性系数空间格局

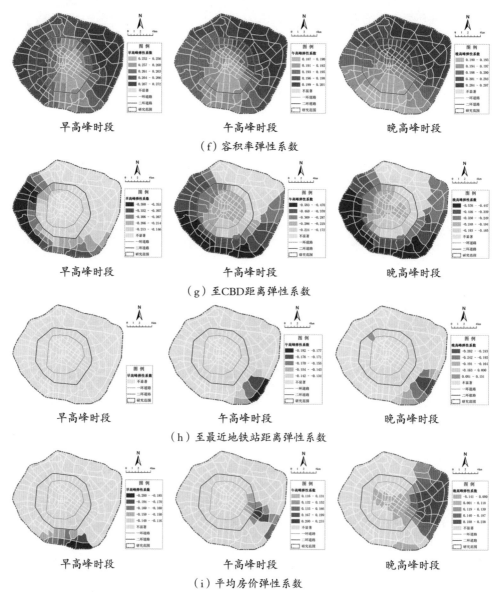

（f）容积率弹性系数

（g）至CBD距离弹性系数

（h）至最近地铁站距离弹性系数

（i）平均房价弹性系数

图13-3　建成环境对休息日上车量密度的弹性系数空间格局（续）

13.2.2　休息日下车客流量弹性系数空间格局分析

　　休息日早、午、晚三个时段下车客流量的弹性系数空间格局，如图13-4所示。以网约车下车量密度作为因变量，分析各建成环境弹性系数的空间异质性。

从建成环境密度维度来看，图13-4a为人口密度的弹性系数分布，对比发现，人口密度在不同时段下的大部分区域不具备显著弹性影响，除早高峰城市西南部存在一定的正相关，其余显著区域均分布在城市东北部，对网约车下车量密度具有负向影响。人口密度在不同时段弹性系数的绝对值均小于0.180，表明人口数量的改变对网约车出行需求影响较小。

从建成环境多样性维度来看，图13-4b为土地利用混合熵的弹性系数分布，可以看出，土地利用混合熵对网约车下车量密度的影响仅在早高峰的东南部及北部较少区域表现出显著正相关，弹性系数在0.240～0.320之间，这与上文不同时段土地利用混合熵的弹性系数结果不同。在城市西南部，尤其是成都火车东站附近，存在居住、商业、办公等多种土地类型，各类设施混合程度较高。对于休息日早高峰，居民更愿意乘坐网约车前往火车东站，导致较高的网约车下车量与土地利用混合熵呈现出显著正向关系。

从建成环境设计维度来看，图13-4c为容积率的弹性系数分布，可以看出，容积率仅在休息日晚高峰对网约车下车量密度具有全局正向影响，且弹性系数呈现由北向南递减的梯度式分布，弹性系数范围在0.223～0.241，空间差异较小，这与第四章容积率的空间尺度结果相一致。

从建成环境目的地可达性维度来看，图13-4d为至CBD距离的弹性系数分布，与工作日的弹性系数分布结果相似，弹性系数取值范围在-0.773～-0.159之间，弹性影响程度的变化较强，在休息日不同时段弹性影响程度均呈现由中心向外围递增的圈层式分布。

从建成环境交通距离维度来看，图13-4e为至最近地铁站距离的弹性系数分布，发现至最近地铁站距离在早、午、晚三个时段均呈现正向与负向弹性影响的多核分布，其弹性系数在-0.356～0.181之间，空间异质性较强。在城市西北部区域，由于各类设施分布齐全，但地铁可达性差，导致网约车下车量密度显著升高，呈现显著的空间正相关。对于城市东南部，受成都东站等重要交通枢纽的影响，在地铁可达性较高的区域，也同时具有较高的网约车客流量。

从社会经济属性来看，图13-4f为平均房价的弹性系数分布，对比发现，平均房价对网约车下车量密度的弹性影响，不论在工作日还是休息日，均具有相似的多核式空间分布特征。平均房价的弹性影响程度空间差异性较大，系数范围在-0.283～0.389之间。

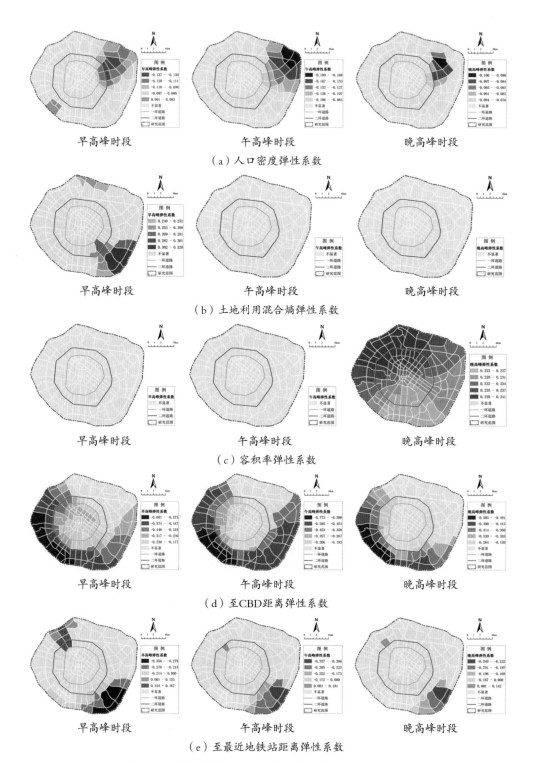

（a）人口密度弹性系数

（b）土地利用混合熵弹性系数

（c）容积率弹性系数

（d）至CBD距离弹性系数

（e）至最近地铁站距离弹性系数

图13-4　建成环境对休息日下车量密度的弹性系数空间格局

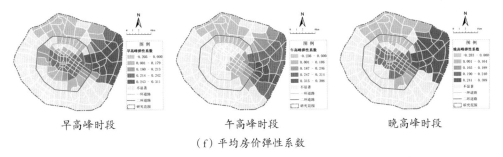

早高峰时段　　　　　午高峰时段　　　　　晚高峰时段

（f）平均房价弹性系数

图13-4　建成环境对休息日下车量密度的弹性系数空间格局（续）

13.3　工作日与休息日建成环境弹性系数空间格局对比

　　结合上文研究成果，总结各建成环境因素对网约车出行需求弹性影响的空间格局，包括工作日早高峰上车量（GZS）、工作日午高峰上车量（GPS）、工作日晚高峰上车量（GWS）、工作日早高峰下车量（GZX）、工作日午高峰下车量（GPX）、工作日晚高峰下车量（GWX）、休息日早高峰上车量（XZS）、休息日午高峰上车量（XPS）、休息日晚高峰上车量（XWS）、休息日早高峰下车量（XZX）、休息日午高峰下车量（XPX）、休息日晚高峰下车量（XWX）共12种网约车出行情况。图13-5为建成环境弹性系数的空间格局对比结果，对12种情况下建成环境弹性系数的空间格局进行两两对比，划分为相似性、差异性和不显著三种不同空间关系。其中，冷色表示两种弹性系数的空间格局具有显著相似性，暖色表示两种弹性系数的空间格局具有显著差异性，灰色表示弹性系数在全局不显著。

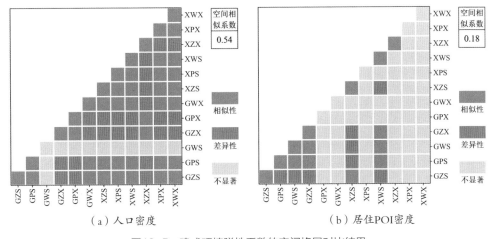

（a）人口密度　　　　　　　　　　（b）居住POI密度

图13-5　建成环境弹性系数的空间格局对比结果

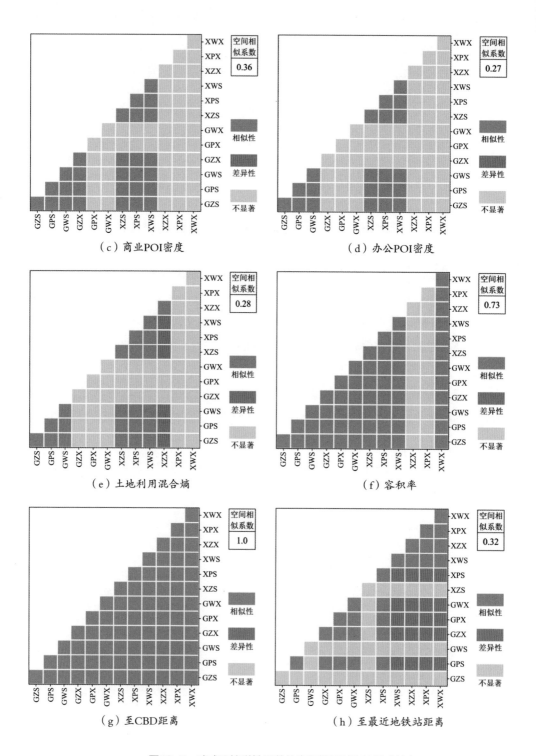

（c）商业POI密度

（d）办公POI密度

（e）土地利用混合熵

（f）容积率

（g）至CBD距离

（h）至最近地铁站距离

图13-5　建成环境弹性系数的空间格局对比结果（续）

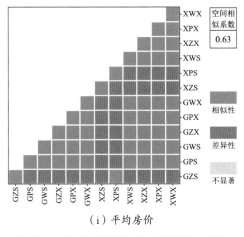

（i）平均房价

图13-5　建成环境弹性系数的空间格局对比
结果（续）

计算每个建成环境因素在不同情况下的空间相似系数，即具有相似空间格局的情况占所有网约车出行情况的比例，如图13-6所示。系数越大，表明该建成环境因素的空间稳定性越强，对网约车出行客流量的弹性影响在空间上具有相似的分布特征；系数越小，表明该建成环境因素的空间异质性越强，对网约车出行客流量的弹性影响在空间分布上具有较大差异。结果表明，各建成环境因素的空间相似程度由大到小依次为至CBD距离＞容积率＞平均房价＞人口密度＞商业POI密度＞至最近地铁站距离＞土地利用混合熵＞办公POI密度＞居住POI密度。其中，至CBD距离和容积率的空间相似系数较大，表明这些建成环境因素在不同时段对网约车出行需求的空间影响程度较为相似，在未来改善网约车出行需求时，可以针对城市不同时段和区域制定相同的规范标准进行统一管理。居住、办公、商业POI密度、至最近地铁站距离以及土地利用混合熵的空间相似系数较小，表明这些建成环境因素的空间异质性较强，对网约车出行需求的影响在不同时段具有较大差异，在未来城市建设与更新改造过程中，针对空间异质性较强的因素可结合不同时段和区域提出差异化的更新改造策略。

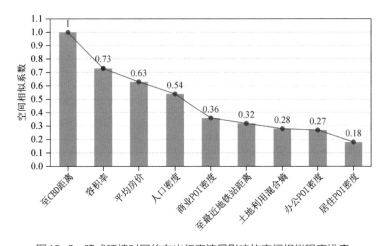

图13-6　建成环境对网约车出行客流量影响的空间相似程度排序

第14章

网约车出行需求优化策略

基于网约车现状分布特征，发掘成都市网约车交通热点区域，并提出网约车分时调控策略。针对四处典型交通热点区域，从用地功能、基础设施、公共服务体系、道路交通系统等方面提出优化建议，以降低网约车出行需求与提高网约车出行效率为目的制定网约车出行需求优化策略，并对相应设施进行更新改造，以提高网约车出行服务质量。最后，对智慧城市建设与无人驾驶技术的应用进行展望，推动网约车出行向着更加安全、环保与智能化的方向发展。

14.1　网约车交通热点区域及总体规划策略

14.1.1　网约车交通热点区域

以成都市中心城区三环内为例，根据前文网约车出行时空分布特征，汇总工作日与休息日不同时段下的网约车出行客流量，并对其进行空间可视化。图14-1为成都市三环范围内的网约车交通热点分布情况，其中越接近暖色的区域，表明该区域的现状客流量越大，网约车出行需求越高。可以看出，网约车交通热点区域主要集中在商业购物、医疗服务、休闲旅游和交通枢纽四类区域附近。其中，网约车需求量较大的商业购物区主要集中在春熙路太古里步行街、万达广场、中迪创世纪广场和凯德广场等购物中心。在医疗服务区中，成都市第三人民医院和第六人民医院附近的网约车使用率较高。以休闲旅游为主的网约车出行主要集中在成都市动物园、锦里和宽窄巷子等热门景点附近。而对于交通枢纽区，如成都东站、成都北站、客运站以及部分人流量较大的地铁换乘点，也是网约车出行的主要起讫点。

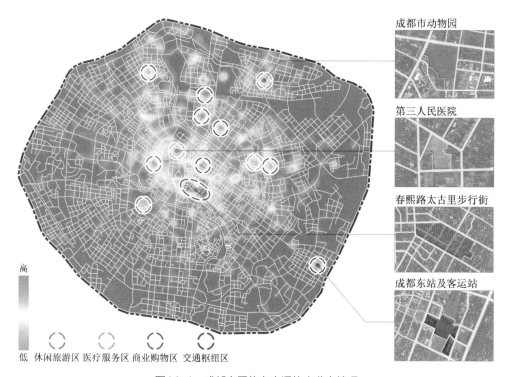

图14-1 成都市网约车交通热点分布情况

14.1.2 网约车分时调控建议

为提高网约车出行效率与出行服务质量，根据图14-1网约车交通热点分布情况，选择商业购物、医疗服务、文化旅游、交通枢纽四类典型区域，结合第五章建成环境弹性影响程度的分析结果，比较不同时段下各区域内建成环境因素的弹性影响程度（图14-2）。对比发现，各建成环境因素在四类不同区域中的影响程度大致相同，商业、办公和居住POI密度、土地利用混合熵以及至CBD距离在不同时段对网约车出行需求均有较大影响。其中，居住POI密度在工作日对网约车出行需求影响更大，商业、办公POI密度以及土地利用混合熵在休息日影响更为显著，而至CBD距离在不同时段对网约车出行需求的影响较为均匀。

以图14-1中四处网约车交通热点区域为例，根据成都市实际交通状况将工作日的早高峰与晚高峰以及休息日的午高峰与晚高峰作为重点高峰时段，汇总各时段建成环境的综合影响系数，以各建成环境因素的绝对值大小反映其对网约车出行需求的重要程度，见表14-1。并针对四处网约车交通热点区域，提出网约车分时调控建议，

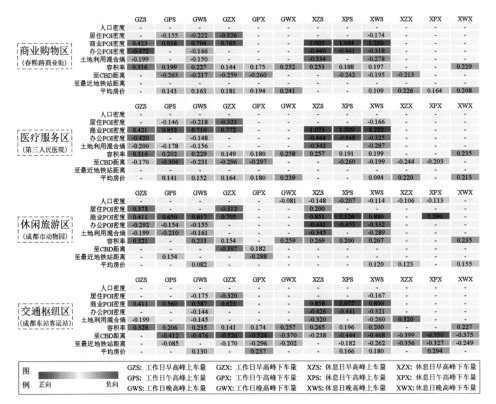

图14-2 网约车交通热点区域建成环境弹性影响程度

见表14-2。根据网约车调控目标及建成环境影响程度高低来决定优先调控哪些建成环境因素，能够有效实现网约车资源调度，提高城市交通服务能力，构建舒适顺畅的城市出行服务系统。

	重点高峰时段建成环境重要性程度			表14-1
交通热点区域	建成环境	工作日早高峰	工作日晚高峰	休息日午高峰	休息日晚高峰
商业服务区	人口密度	—	—	—	—
	居住POI密度	-0.163	-0.111	—	-0.087
	商业POI密度	0.594	0.352	0.747	0.615
	办公POI密度	-0.236	-0.073	-0.221	-0.159
	土地利用混合熵	-0.100	-0.075	—	-0.139
	容积率	0.230	0.240	0.094	0.213

续表

交通热点区域	建成环境	工作日早高峰	工作日晚高峰	休息日午高峰	休息日晚高峰
商业服务区	至CBD距离	−0.130	−0.109	−0.121	−0.098
	至最近地铁站距离	—			
	平均房价	0.091	0.202	0.082	0.159
医疗服务区	人口密度	—	—	—	—
	居住POI密度	−0.162	−0.109	—	−0.083
	商业POI密度	0.597	0.355	0.755	0.611
	办公POI密度	−0.210	−0.074	−0.224	−0.163
	土地利用混合熵	−0.100	−0.078	—	−0.144
	容积率	0.233	0.244	0.096	0.217
	至CBD距离	−0.233	−0.116	−0.232	−0.100
	至最近地铁站距离	—	—	—	—
	平均房价	0.082	0.196	—	0.154
文化旅游区	人口密度	—	−0.041	−0.160	−0.057
	居住POI密度	0.031	—	—	—
	商业POI密度	0.558	0.309	1.208	0.440
	办公POI密度	−0.146	−0.078	−0.227	−0.166
	土地利用混合熵	−0.100	−0.081	—	−0.145
	容积率	0.238	0.246	0.100	0.221
	至CBD距离	−0.199	—	—	—
	至最近地铁站距离	—	—	—	—
	平均房价	—	0.041	—	0.138
交通枢纽区	人口密度	—	—	—	—
	居住POI密度	−0.160	−0.088	—	−0.084
	商业POI密度	0.517	0.294	0.539	0.400
	办公POI密度	—	−0.072	−0.221	−0.161
	土地利用混合熵	−0.100	−0.073	—	−0.130
	容积率	0.235	0.246	0.098	0.214
	至CBD距离	−0.263	−0.423	−0.497	−0.422
	至最近地铁站距离	−0.085	−0.101	−0.255	−0.256
	平均房价	—	0.065	0.230	0.090

网约车分时调控建议			表14-2
时段	交通热点区域	网约车分时调控目标	需要优先调整的建成环境因素
工作日	商业购物区	限制网约车出行，工作日商业购物区交通压力较大，应鼓励公交优先策略，提高公交出行分摊率	早高峰：商业POI密度（降低），办公POI密度（提高），容积率（降低）； 晚高峰：商业POI密度（降低），容积率（降低），平均房价（降低）
	医疗服务区	限制网约车出行，工作日医疗服务区就医人数较多，交通拥堵现象严重	早高峰：商业POI密度（降低），容积率（降低），至CBD距离（提高）； 晚高峰：商业POI密度（降低），容积率（降低），平均房价（降低）
	文化旅游区	鼓励网约车出行，文化旅游区位于城市外环区域，交通压力较小，可提高景区交通可达性	早高峰：商业POI密度（提高），容积率（提高），至CBD距离（降低）； 晚高峰：商业POI密度（提高），容积率（提高），土地利用混合熵（降低）
	交通枢纽区	鼓励网约车出行，交通枢纽区与公共交通服务体系高效衔接，提高交通出行与通勤效率	早高峰：商业POI密度（提高），至CBD距离（降低），容积率（提高）； 晚高峰：至CBD距离（降低），商业POI密度（提高），容积率（提高）
休息日	商业购物区	鼓励网约车出行，休息日的交通热点区域与早、晚高峰不同，短时高密度的交通拥堵现象较少，应建立网约车运力动态调控机制，鼓励网约车出行，一定程度上能够拉动商业经济发展、提高外出就医与休闲娱乐可达性及交通出行效率	午高峰：商业POI密度（提高），办公POI密度（降低），至CBD距离（降低）； 晚高峰：商业POI密度（提高），容积率（提高），办公POI密度（降低），平均房价（提高）
	医疗服务区		午高峰：商业POI密度（提高），至CBD距离（降低），办公POI密度（降低）； 晚高峰：商业POI密度（提高），容积率（提高），办公POI密度（降低）
	文化旅游区		午高峰：商业POI密度（提高），办公POI密度（降低），人口密度（降低）； 晚高峰：商业POI密度（提高），容积率（提高），办公POI密度（降低）
	交通枢纽区		午高峰：商业POI密度（提高），至CBD距离（降低），至最近地铁站距离（降低）； 晚高峰：至最近地铁站距离（降低），商业POI密度（提高），至CBD距离（降低）

14.2　城市交通热点区域现状问题及优化策略

针对成都市网约车交通热点区域，由于城市交通问题大多出现在工作日，因此将工作日作为主要研究时段，以提高网约车出行效率为目标，结合前文对建成环境弹性系影响程度及空间异质性结果及实地调研情况，对商业服务区、医疗服务区、文化旅游区及交通枢纽区进行更新改造，分析网约车出行中存在的现状问题，并提出相应的网约车出行需求优化策略，为后续建成环境的合理配置及基础设施的更新改造提供依据。

14.2.1　商业服务区更新优化策略

商业服务设施通常是指为居民提供餐饮、购物、休闲、娱乐等消费活动的服务设施，如购物中心、商业街、大型超市、电影院等。考虑表14-2中商业服务区需要优先调整的建成环境因素，发现网约车出行需求始终具有较大的正向影响，以限制网约车出行为目标，需要优先降低商业设施的密度，提高办公设施密度，提倡城市多中心发展以分散城市核心区用地功能，同时降低该区域的容积率与平均房价。但考虑部分建成环境因素的可实施性，如容积率与平均房价难以短时间做出改变，因此，将商业服务设施作为优先调整的因素。在商业服务设施方面主要存在的现状问题及原因，见表14-3。针对商业服务区现状问题，从用地功能、基础设施两个方面，提出商业服务区更新优化策略。

商业服务设施周边现状问题及主要原因　　　　　　表14-3

现状问题	主要原因
司机与乘客难以联系	商业区周边各类商铺林立且人流量巨大，司机与乘客难以相互识别对方的具体位置，导致网约车出行效率下降
网约车接客难度大	商业区附近缺乏临时停车区域，司机难以找到合适的停车点完成接客，导致违章停车问题严重，商业区周边交通秩序混乱
网约车收费标准较高	商业中心区作为城市的繁华地带，网约车需求更多集中在夜间时段，此时网约车的费用标准也会有所提高，增加了乘客经济负担

1．用地功能优化策略

成都市三环内大部分区域的土地功能早已成型，通过有机更新植入新经济新业态、培养新动能，促进城市产业转型，以提高城市环境质量。在城市用地层面，根据土地利用强度、产业经济效益等方面识别低效用地，对低效的存量工业用地进行转型升级，打造以新型科研、科技服务功能为主的高品质空间（图14-3）。同时，鼓励产业混合与集约发展，通过城市用地的混合利用，促进产城融合。

土地利用混合可以提高城市空间利用效率，缩短居民出行时间与出行距离。根据前文各建成环境弹性影响程度及空间异质性结果，发现土地利用混合熵对网约车出行需求的影响在空间上具有较大差异。对于土地利用较为单一的区域，完善城市不同功能要素，能一定程度上降低网约车短途出行需求。城市用地功能混合示意（图14-4）。

2．基础设施优化策略

商业服务设施通常既是网约车出发点也是网约车出行的目的地，同时也常作为网约车司机的休息场所与补给站。因此，结合前文研究结果及商业服务设施现状问题，以成都市春熙路太古里步行街为例，对商业服务区内各类设施提出改造策略，

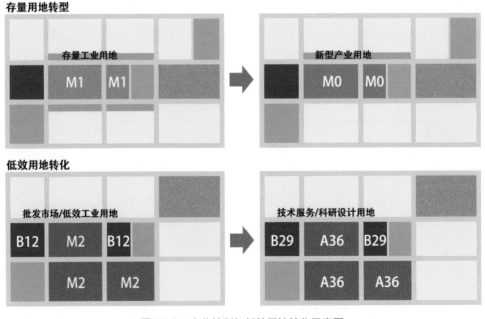

图14-3　产业转型与低效用地转化示意图

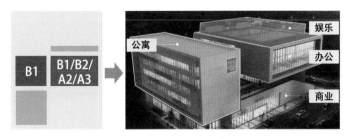

图14-4　城市用地功能混合示意图

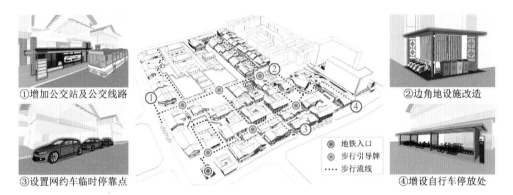

图14-5　商业服务设施层面网约车出行需求优化策略

如图14-5所示。以降低网约车出行需求、提高出行效率为目标，提出如下设施优化策略：

①改善商业服务设施：提升商业区周边街道环境品质，促进商业服务设施空间功能的复合利用，并降低商业服务设施的集聚程度，使消费者更乐意选择步行、自行车等出行方式，减少对网约车的需求。②提高其他交通方式便利性：加大对公共交通的投入力度，完善公共交通路网，鼓励步行和非机动车出行，如增设骑行道、步行引导牌等设施，引导消费者前往附近公交站点或自行车停放处。③错峰出行：通过动态价格调节等经济手段，引导消费者在非高峰出行时段使用网约车，降低高峰时段网约车出行需求，以缓解城市交通压力。④鼓励网约车平台与商家合作：一些商业服务设施可以提供停车位，网约车平台与商家进行合作，可以将部分停车位作为指定上下客点与临时停靠区，减少路面混乱和交通拥堵，提高网约车出行效率。⑤减少网约车空驶率：通过限制网约车数量和区域经营范围，降低网约车空驶率，提高网约车运营效率。⑥加强商业区停车管理：商业区周边停车空间有限，尤其在商业核心区，需要制

定更加严格的停车管理规定，限制网约车的数量和运营范围。同时，加强交通指挥，设置合理的交通标志和路牌，提高网约车出行效率。

14.2.2 医疗服务区更新优化策略

考虑表14-2中医疗服务区需要优先调整的建成环境因素，依然需要对商业设施进行优先调整，其次是容积率、平均房价与至CBD距离。根据前文研究结果可知，成都市大型医院附近主要存在的现状问题及主要原因，见表14-4。从公共服务体系、道路交通系统两个方面，提出医疗服务区更新优化策略。

医疗服务设施周边现状问题及主要原因 表14-4

现状问题	主要原因
服务效率低	医院外道路空间有限，人流较多且更为复杂，周边停车位紧张，交通拥堵现象频发，网约车司机需要花费更多时间寻找合适的停车点，导致停车和等待时间增加，影响用户体验和网约车服务效率
设施覆盖率低	由于医院数量有限，设施覆盖率较低，居民步行可达性随之下降，从而产生更多的网约车出行需求。对于网约车平台，可能需要投入更多的人力、物力和财力来管理和运营复杂多变的出行需求
违停现象严重	医院内部和周边停车位需求量大，路边停车、占用非机动车道等违停现象频发，给城市交通和公共安全造成负面影响

1. 公共服务体系优化策略

按照《成都市公园城市社区生活圈公服设施规划导则》，优化"文体医教商养"公共服务体系，可根据人群特征及实际需求适当调整公服配置标准，通过利用闲置用地及建筑改造，完善一站式社区服务设施，形成步行可达、全面覆盖、实时高效的"15分钟社区生活圈"（图14-6）。为提高居民步行可达性，降低网约车短距离出行频率，鼓励利用现有空置用地、剩余空间及闲置建筑，增补公共服务设施及公共空间（图14-7）。

2. 道路交通系统优化策略

①合理设置路网密度：推行"小街区、密路网"的城市道路布局理念，在提高城市路网密度的同时，使城市用地高效整合，缩短居民就医距离（图14-8）。②倡导绿

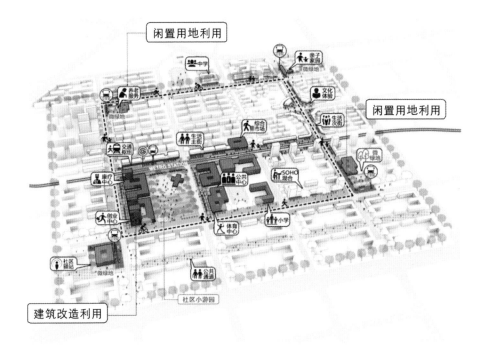

图14-6　15分钟生活圈示意图

（图片来源：成都市公园城市有机更新导则）

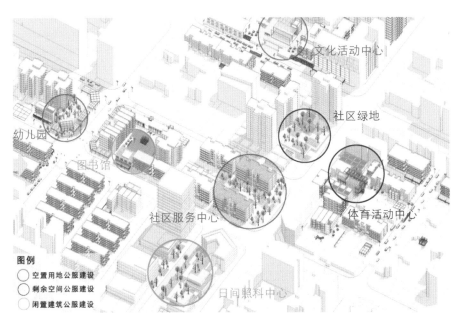

图14-7　多途径增补公服设施示意图

（图片来源：成都市公园城市有机更新导则）

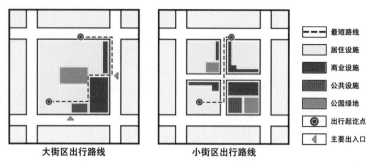

图14-8　不同街区出行距离

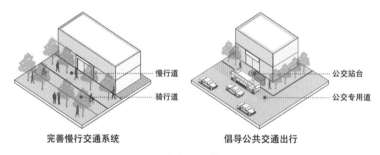

图14-9　绿色出行策略示意图

色出行：增加慢行道与骑行道，完善城市慢行系统，引导居民采用"步行+公交"的出行方式来缓解交通拥堵，丰富街道景观环境，为居民提供宜人的城市空间与舒适的出行体验，有效降低网约车短途出行（图14-9）。

14.2.3　文化旅游区更新优化策略

文化旅游区通常是游客最为集中的地方，特别是在假期和旅游旺季。成都市旅游资源丰富，具有众多历史文化景点，如宽窄巷子、武侯祠等。工作日该区域应鼓励网约车出行，提高交通可达性，考虑表14-2中文化旅游区需要优先调整的建成环境因素，商业设施依然具有重要影响。在未来城市更新中，应适当提高商业设施占比，增加地区吸引力。同时，提高区域开发强度，在一定程度上疏解城市核心区交通拥堵现象。表14-5为文化旅游区主要存在的现状问题及主要原因，针对文化旅游区现状问题，从倡导公共交通、历史传承两个方面，提出文化旅游区更新优化策略。

文化旅游区周边现状问题及主要原因		表14-5

现状问题	主要原因
车辆拥堵	在旅游旺季，由于城市道路容量有限，随着游客与当地居民车辆数量的增加，导致城市交通堵塞严重，增加行车时间
停车位不足	随着游客数量的增加，文化旅游区周边停车位时常紧缺，找寻合适的停车位较为困难，可能导致车辆乱停乱放、占用行车道和非法停车等问题
环境污染	游客增多会产生大量垃圾和污染物。如果管理不善，会对周边生态环境造成负面影响，破坏景区环境
文物保护和破坏	大量游客涌入历史文化景点可能会对文物造成破坏。摩擦、触摸、刻字等行为可能导致文物表面磨损和损坏。此外，过度的开发和商业化也可能对文化遗产造成不可逆转的破坏

1．公共交通优化策略

①提高公交覆盖率：在文化旅游区周边增加公共交通线路和站点，提高公共交通服务的便捷性与舒适性，并在旅游旺季增设公交专用道以缓解城市交通压力。②倡导绿色低碳出行：通过政策引导，鼓励游客选择绿色出行方式，增添步行与非机动出行设施，如自行车租赁站、步行街、公共广场等，并改善景区周边道路景观及沿街风貌，提高居民出行的趣味性与便利性。③加强停车管理：针对景区外停车不规范问题，规范网约车停车秩序，在景区周边增加停车供给，包括路边临时停车位和室外停车场等。④推广拼车服务：有效降低网约车出行成本与等待时间，缓解城市运力紧张问题。

2．历史传承优化策略

①对历史文化街区进行保护：形成"本体保护—展示利用—综合发展"的保护框架。②保护街巷尺度与肌理：控制建筑高度，保持街巷原有空间尺度，维持原有路网结构与建筑肌理。③古树及非物质文化遗产保护：城市更新应最大限度保护古树名木，加强非物质文化遗产及老字号的保护与传承，并保留和植入文化空间。

14.2.4　交通枢纽区更新优化策略

交通枢纽通常是指连接不同交通方式的交通节点，如航空、铁路、地铁、公交等，这些交通枢纽大多位于城市中心区及交通要道，是城市交通系统的重要组成部分。考虑表14-2中交通枢纽区需要优先调整的建成环境因素，为提高交通枢纽可达性，鼓励网约车出行，应提升该区域商业设施配置及土地开发强度，丰富周边功能业态，避免距离市中心过远。考虑建成环境因素的可实施性，除了提高商业设施配置，还需要对交通接驳点的流线组织及其周边街道进行改造优化，针对城市地铁、火车站等重要交通枢纽，发掘现状问题及主要原因（表14-6）。

交通枢纽周边现状问题及主要原因　　　　　　　　　表14-6

现状问题	主要原因
打车难等车久	交通枢纽附近人流密集、交通需求量大，乘客网上排队等待时间较长，影响出行效率。同时，大量的交通出行导致城市道路拥堵、交通事故频发，给乘客的人身安全造成威胁
停车空间紧张	火车站、地铁口等交通场站周边车流量大，停车空间紧张，司机难以找到合适的停车位或接客区域，给乘客和司机带来不便，甚至出现违法停车的情况，严重影响交通秩序
交通出行竞争激烈	由于交通枢纽附近存在多种交通出行方式的选择，如公交、地铁、出租车等，网约车面临激烈竞争，需要提供更高质量的服务来吸引乘客，例如更低的价格、更短的等待时间和更舒适的乘车环境等

重要交通枢纽在城市中具有交通流量大、交通出行方式多样等特点。根据前文网约车交通现状热点区域可以看出，靠近交通枢纽的区域网约车出行需求一般较高，其中主要包括地铁口、高铁站等轨道交通站点。近年来，以公共交通为导向的开发（Transit-Oriented Development，TOD）通过提高公共交通与周边土地利用的整合程度，使交通出行更加高效、便捷。对于网约车交通出行方式，其出行需求与TOD的发展同样关系密切。一方面，TOD的实施能够提高城市公共交通的质量和服务水平，满足居民日常交通需求，从而抑制网约车出行需求；另一方面，TOD的建设也为网约车出行提供更好的条件，如更便捷的换乘方式、更多样的停车场所等，在一定程度上提高网约车的出行效率和服务质量。结合重要交通枢纽现状问题及TOD建设过程中的经验方法，从交通接驳点、智慧街道两个方面，提出交通枢纽区更新优化策略。

1. 交通接驳点优化策略

①为提高交通出行效率，通过压缩地铁口外部分空间，增设网约车临时停靠区，避免城市道路拥堵；对于交通接驳点，通过调整网约车流线，缩短乘客上下车时间

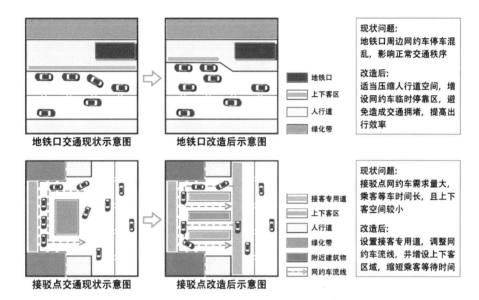

现状问题:
地铁口周边网约车停车混乱,影响正常交通秩序

改造后:
适当压缩人行道空间,增设网约车临时停靠区,避免造成交通拥堵,提高出行效率

地铁口交通现状示意图　　地铁口改造后示意图

■ 地铁口
▨ 上下客区
□ 人行道
▧ 绿化带

现状问题:
接驳点网约车需求量大,乘客等车时间长,且上下客空间较小

改造后:
设置接客专用道,调整网约车流线,并增设上下客区域,缩短乘客等待时间

接驳点交通现状示意图　　接驳点改造后示意图

▨ 接客专用道
▧ 上下客区
□ 人行道
▨ 绿化带
■ 附近建筑物
- - → 网约车流线

图14-10　地铁口与接驳点交通改造示意图

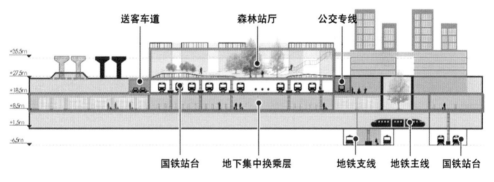

送客车道　　森林站厅　　公交专线

+36.5m
+27.5m
+18.5m
+8.5m
+1.5m
-6.5m

国铁站台　　地下集中换乘层　　地铁支线　地铁主线　国铁站台

图14-11　高铁枢纽交通布局模式示意图

(图14-10)。②提高公共交通可达性与服务质量:以高铁枢纽为例,通过便捷、合理的交通布局,将公共交通高效衔接,引导乘客选择低碳出行,以降低私家车与网约车使用率(图14-11)。③实行差异化收费政策:交通枢纽附近的停车位紧张,为鼓励乘客使用公共交通,建议对交通枢纽周边实行差异化收费政策,对私家车和网约车采取较高的停车费用,同时降低公共交通出行费用。

2. 智慧街道优化策略

①道路集约利用:应考虑网约车停靠需求,设置合理的停车位与临时上下客区域,街道设计也应留有弹性空间,针对工作日与休息日形成不同的空间分配模

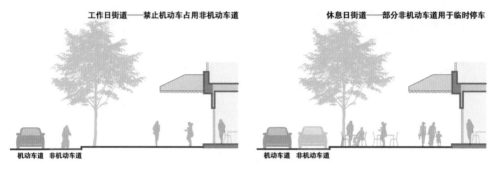

工作日街道——禁止机动车占用非机动车道

机动车道　非机动车道

休息日街道——部分非机动车道用于临时停车

机动车道　非机动车道

图14-12　街道空间分配示意图

图14-13　AR实景导航技术

式，提高街道空间的适应性与灵活性（图14-12）。②开辟专用车道：为网约车设置专用的道路与上车点，并为乘客提供AR实景导航技术，方便乘客更快抵达指定上车点，提高网约车出行效率（图14-13）。③建设智慧停车系统：智能停车系统能够在实现车位预定、智能引导、自助缴费等功能，降低机动车停车时间与交通拥堵情况，提高网约车出行效率（图14-14）。④智能交通技术的应用：建立交通信息化平台，实现对道路车辆的精准监测，借助道路电子指示牌将路况信息进行实时共享，以缓解交通拥堵，降低网约车空载率（图14-15）。

1.实时车位显示

通过车位实时监测体系，让车辆到达目的地之前便能实时看到空余车位，对于新建或核心地段停车位可进行收费标准显示，方便驾驶员提前了解，避免不必要的等待，影响道路通行效率

2.车位精准导航

通过车载系统进行运算后选取停车综合便捷度较高的车位，或驾驶员自行判断最便捷的停车位后，由系统直接进行精确导航，引导驾驶员取车直接行驶到目的停车位

3.智能管理终端

驾驶员离开车辆后，对于车辆收费情况及车位附近的拥堵情况都能进行实时提醒，最大程度的缩短出行准备时间，并给驾驶员更多的选择机会

图14-14　智慧停车系统示意图

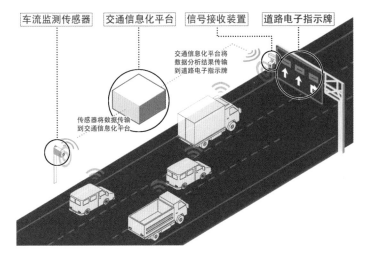

图14-15　智能交通技术示意图

14.3　运营管理视角下网约车现状问题及优化策略

随着网约车市场趋于成熟，行业竞争也越发激烈，城市机动车的高速增长给网约车运营管理带了巨大挑战。结合网约车发展现状及空间分布特征，从网约车资源调度与平台管理两个层面，分析网约车出行中存在的现状问题，并提出相应的网约车出行需求优化策略。加强网约车运营管理可以规范网约车市场秩序，鼓励和促进网约车企业提供更加优质、安全和高效的出行服务。

14.3.1　网约车资源调度层面

1．网约车资源调度中存在的现状问题

网约车资源调度通常指针对不同出行需求与交通条件，对网约车时空分配进行合理优化，降低出行等待时间和网约车空载距离，以实现资源的合理利用与效率最大化。在网约车资源调度中存在的网约车出行问题及主要原因，见表14-7。

网约车资源调度中存在的现状问题及主要原因   表14-7

现状问题	主要原因
供需失衡严重	不同时间下网约车具有不同的出行特征，工作日更多的网约车集中在居住与办公设施附近，而休息日网约车主要集中在核心商业区附近。在高峰时段的交通热点区域或恶劣天气状况下，存在网约车运力紧张、供不应求的现象；而部分城市边缘区的交通供应充足但乘客出行需求较少，导致资源浪费
空载率较高	由于市场竞争激烈与司机管理不善，部分司机没有合理规划出行路线，增加了网约车在运营过程中的空载时间，导致网约车运营成本的增加与资源的过度浪费

2. 考虑网约车资源调度的出行需求优化策略

结合上述问题，从降低网约车出行需求和提高网约车出行效率两个方面制定网约车出行需求优化策略。具体措施如下：

（1）降低网约车出行需求

①限制高峰期订单：对于城市核心区，为缓解高峰时段交通拥堵，采取一定的限制措施，如通过价格调控等方式，鼓励乘客在非高峰时段和交通疏通的地区使用网约车，从而降低高峰时段网约车出行需求，实现资源的合理配置。②提供多样化出行选择：发展与推广其他交通方式，如公共交通、共享单车等，降低乘客对网约车出行的依赖（图14-16）。

图14-16 多样化交通出行

（2）提高网约车出行效率

①优化网约车出行算法：采用更加智能和高效的算法，降低网约车空驶率以及等待时间，提高网约车资源调度效率。②线路规划：根据乘客需求和交通情况，规划最优的出行路线，以减少车辆行驶距离和时间，提高出行效率。③倡导共享出行：将同一个出发地或目的地的乘客匹配在同一辆车中，鼓励乘客选择拼车等共享出行服务，以降低乘客与司机出行成本，提高交通出行效率（图14-17）。

图14-17 网约车拼车服务示意图

14.3.2 网约车平台管理层面

1. 网约车平台管理中存在的现状问题

网约车平台管理通常包括对车辆、司机的合规化审查，价格与服务质量标准的制定以及数据与信息管理等方面。目前，在网约车平台管理方面存在的主要问题及原因，见表14-8。

网约车平台管理中存在的现状问题及主要原因　　　　　　　　表14-8

现状问题	主要原因
平台监管缺位	监管数据不完备，导致网约车平台与政府部门数据难以对接，有些部门缺乏足够的管理权限与监管力度，导致监管难度加大
监管方式不当	传统的监管方式已难以适应网约车行业的快速发展，例如限制车辆数量、设定起步价等措施往往容易造成监管不力或过度监管的情况
信息审核不严	网约车平台责任界限不明，个别平台缺乏对司机与车辆信息的严格审查，认为该平台只提供出行信息服务，不应对司机行为承担责任，从而给乘客出行安全造成风险

2. 考虑网约车平台管理的出行需求优化策略

网约车平台的发展目标是满足不同用户的出行需求，吸纳更多用户以增加平台的市场竞争力。因此，结合上述问题，主要从调整网约车出行需求分布与提高网约车出行效率方面制定网约车出行需求优化策略。具体措施如下：

（1）调整网约车出行需求分布

①建立动态溢价机制：通过不同时段和区域的实际出行需求制定不同的网约车起始价格，鼓励用户在非高峰时段、偏远区域或其他有闲置车辆的区域叫车，从而平衡不同时段和区域的网约车需求。②添加奖励机制：对于一些用户愿意在高峰时段选择共享低碳出行方式的用户，给予一定的积分奖励，激励用户改变出行习惯。

（2）提高网约车出行效率

①提高网约车平台服务质量：提高司机准入门槛与网约车质量审查力度，加强对司机和车辆的监督管理，保障乘客出行安全。②优化网约车调度系统：建立完善的网约车调度系统，主要包括实时调度、动态分配、智能调配等多种功能，提高平台管理能力与网约车出行效率（图14-18）。③设立自动驾驶试点：自动驾驶技术的发展将不再需要司机亲自驾驶，通过计算机算法实现自主导航，有望改变传统出行方式，使交通出行更加安全、高效。

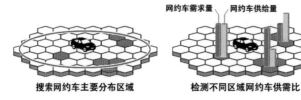

| 搜索网约车主要分布区域 | 检测不同区域网约车供需比 | 网约车资源调度与动态分配 |

图14-18   网约车调度系统概念图

14.4   政策措施视角下网约车现状问题及优化策略

政策措施是指导和规范网约车行业发展的重要手段，对于解决网约车出行交通问题及优化出行需求具有重要作用。通过对政策措施进行分析，可以更好地了解政府对网约车行业发展的规划把控与监管力度。对网约车出行相关政策进行分析，从网约车政策制定与政府监管两个层面，分析网约车出行中存在的现状问题，从中找到改进网约车出行的方向和措施，并提出相应的网约车出行需求优化策略。

14.4.1   网约车政策制定层面

1. 网约车政策制定中存在的现状问题

网约车出行政策制定是城市治理和交通管理的重要部分，目前仍存在政策制定较为单一且滞后等问题。在网约车出行政策制定方面存在的主要问题及原因，见表14-9。

网约车出行政策制定中存在的问题及主要原因	表14-9

现状问题	主要原因
政策制定滞后	网约车行业的快速发展已超过政策制定的速度，相对滞后的出行政策导致一些问题无法得到有效解决，甚至给了不法分子可乘之机
缺乏交通协调	网约车政策的制定缺乏考虑与其他交通出行方式的协调发展，导致不同交通出行方式之间出现不必要的竞争、损害各方利益
缺少差异化政策	由于不同城市的发展水平、人口密度及交通状况等都存在较大差异，网约车政策的制定应考虑到地区差异，针对不同城市的特点制定相应政策
缺乏创新性和前瞻性	当前的网约车政策主要关注了行业发展的监管和治理，缺乏对行业未来发展趋势和技术创新的预判和引导

2．考虑网约车政策制定的出行需求优化策略

结合上述问题，从降低网约车出行需求和提高网约车出行效率两个方面制定网约车出行需求优化策略。具体措施如下：

（1）降低网约车出行需求

①限制网约车数量：通过控制网约车数量，合理规划网约车运营区域和时间，避免造成城市交通过度拥堵，同时还要确保网约车司机的合理收入。②制定绿色出行发展政策：对网约车大气污染物的排放进行检测，全面禁止使用高污染的网约车，并通过提高短距离网约车出行价格，降低出行需求。

（2）提高网约车出行效率

①建立健全的政策法规体系：统一网约车服务质量与技术安全标准，明确网约车运营管理规范，保障乘客出行安全与合法权益。②鼓励网约车行业创新：通过减免税收、优惠贷款等措施鼓励网约车行业与互联网科技企业合作，加大对网约车的技术研发和应用创新。

14.4.2　网约车政府监管层面

1．政府监管中存在的现状问题

为保障市民安全以并维护公共秩序，政府加强对网约车行业的监管力度。在政府监管方面存在的主要问题及原因，见表14-10。

<table>
<tr><td colspan="2" align="center">政府监管中存在的问题及主要原因</td><td align="right">表14-10</td></tr>
<tr><td>现状问题</td><td colspan="2">主要原因</td></tr>
<tr><td>缺乏统一管理</td><td colspan="2">网约车行业监管部门包括交通、公安、城市管理等多个部门，监管部门分散，缺乏统一的管理机构，导致执法效率降低，影响网约车实际监管效果</td></tr>
<tr><td>政府执行力不足</td><td colspan="2">虽然对网约车行业的监管力度正逐步加强，但执行过程中仍存在较大问题。例如，部分地区仍存在不合规的网约车，而政府监管部门未能及时发现和处理。同时，对于违规行为，政府监管部门也缺乏及时有效的处罚手段和措施</td></tr>
<tr><td>监管标准不明确</td><td colspan="2">由于网约车行业的快速发展和多样化的经营模式，政府在制定监管政策时往往存在标准不明确的问题。例如，网约车本质上是一种交通工具，但在政策制定时被视为一种"互联网服务"，导致网约车监管标准不明确</td></tr>
<tr><td>监管难度较大</td><td colspan="2">由于网约车司机与乘客通过网络平台进行交易，监管部门难以准确掌握司机与乘客的基本信息，从而加大监管和执法难度</td></tr>
</table>

2. 考虑政府监管的出行需求优化策略

结合上述问题，从降低网约车出行需求和提高网约车出行效率两个方面制定网约车出行需求优化策略。具体措施如下：

（1）降低网约车出行需求

①提高公共交通服务水平：政府可以加大对公共交通的投入，提高公共交通服务水平，从而增加居民使用公共交通出行的意愿，减少对网约车的需求。②加强网约车数据监管：政策制定者应当建立网约车数据监管机制，加强对网约车行业数据的收集和分析，并监测网约车市场运行情况与热点问题，及时做出调整。

（2）提高网约车出行效率

①引导网约车向绿色出行方向转型：通过对新能源汽车相关补贴政策的推广，鼓励网约车企业和车主使用新能源汽车，并普及共享交通出行模式，降低网约车出行空载率。②建设高效的道路交通设施：加强对城市道路交通的规划建设，确保道路畅通以缩短出行时间，同时，设立更多的公共停车场，鼓励网约车司机在停车场内等待订单，缓解交通拥堵。

参考文献

[1] Handy S L, Boarnet M G, Ewing R, et al. How the built environment affects physical activity: views from urban planning[J]. American Journal of Preventive Medicine, 2002, 23(2): 64−73.

[2] Cervero R, Kockelman K. Travel demand and the 3Ds: Density, diversity, and design[J]. Transportation Research Part D: Transport and Environment, 1997, 2(3): 199−219.

[3] Ewing R, Cervero R. Travel and the built environment: A synthesis[J]. Transportation Research Record, 2001, 1780: 87−114.

[4] Ewing R, Greenwald M J, Zhang M, et al. Measuring the impact of urban form and transit access on mixed use site trip generation rates-Portland pilot study[J]. US Environmental Protection Agency, Washington, DC, 2009.

[5] Ewing R, Cervero R. Travel and the built environment: A meta-analysis[J]. Journal of the American Planning Association, 2010, 3(76): 265−294.

[6] 谭章智，李少英，黎夏，等. 城市轨道交通对土地利用变化的时空效应 [J]. 地理学报，2017，72（5）：850−862.

[7] 池娇，焦利民，董婷，等. 基于POI数据的城市功能区定量识别及其可视化 [J]. 测绘地理信息，2016，41（2）：68−73.

[8] 何韶瑶，朱俊霖. POI大数据背景下的城市高校集聚区功能识别研究——以长沙岳麓区为例 [J]. 城市建筑空间，2022，29（2）：91−94.

[9] 赵宏雨，夏佳毅. 基于POI的城市功能区混合度识别研究 [J]. 山西建筑，2023，49（3）：62−65.

[10] 郑拓，樊帆. 基于POI数据的城市功能区识别研究——以西安市中心城区为例 [J]. 建筑与文化，2021（10）：114−115.

[11] 李娜，吴凯萍. 基于POI数据的城市功能区识别与分布特征研究 [J]. 遥感技术与应用，2022，37（6）：1482−1491.

[12] 叶娇，李雨桐. 基于POI的西安雁塔区教育设施布局分析与优化[J]. 城市建筑，2023，20（4）：69−72.

[13] 葛凯丽，马庆国. 基于POI数据的杭州市生活服务业空间分布特征研究 [J]. 建筑与文化，2023（3）：96−98.

[14] 包振山，陈智岩. 基于POI数据的南京市便利店空间分布特征及影响因素 [J]. 世界地理研究，2023：1−12.

[15] 杨成凤，杨惠茹，韩会然，等. 基于POI数据的知识创新型服务业空间布局特征及影响因素研究——以合肥市为例 [J]. 地理研究，2023，42（3）：682−698.

[16] 唐建荣，郑楠. 基于POI大数据的快递末端网点空间分异及影响因素研究 [J]. 资源开发与市场，2023：1−15.

[17] 高圆圆. 基于 POI 大数据的西安市住宅租金空间分异特征与影响因素研究 [J]. 测绘与空间地理信息，2022，45（7）：177−180.

[18] 刘欣，章娩娩. 基于 POI 大数据的扬州市房价空间分异及影响因素研究 [J]. 项目管理技术，2022，20（8）：46−50.

[19] 徐倩，胡道华，王艳君. 基于 POI 数据的旅游资源空间分异及影响因素研究——以大运河（山东段）为例 [J]. 泰山学院学报，2022，44（2）：61−69.

[20] 龙雪琴，赵欢，周萌，等. 成都市建成环境对网约车载客点影响的时空分异性研究 [J]. 地理科学，2022,42（12）：2076−2084.

[21] 邵海雁，靳诚，钟业喜，等. 海口城市建成环境对高峰期网约车通勤出行的影响——基于滴滴出行数据 [J]. 人文地理，2022，37（5）：130−139.

[22] 高德辉，许奇，陈培文，等. 城市轨道交通客流与精细尺度建成环境的空间特征分析 [J]. 交通运输系统工程与信息，2021,21（6）：25−32.

[23] 党云晓，董冠鹏，余建辉，等. 北京土地利用混合度对居民职住分离的影响 [J]. 地理学报，2015，70（6）：919−930.

[24] Fotheringham A S, Yang W, Kang W. Multiscale geographically weighted regression (MGWR)[J]. Annals of the American Association of Geographers, 2017, 107(6): 1247−1265.

[25] 陈艳艳，王少华. 酒后驾驶交通事故空间分析 [M]. 北京：北京理工大学出版社，2022.

[26] Gujarati D N, Porter D C. Basic Econometrics, Fifth Edition[M]. New York: McGraw-Hill/Irwin, 2009.

[27] Calthorpe P. The next American metropolis: ecology, community, and the American dream[M]. New York: Princeton Architectural Press, 1993.

[28] Cervero R, Bernick M. Transit villages in the 21st century[M]. New York: McGraw-Hill, 1997.

[29] Chorus P, Bertolini L. An application of the node place model to explore the spatial development dynamics of station areas in Tokyo[J]. Journal of transport and land use, 2011, 4(1): 45−58.

[30] 黄骏. 地铁站域公共空间整体性研究 [J]. 南方建筑，2009（5）：51.

[31] 王成芳. 广州轨道交通站区用地优化策略研究 [D]. 广州：华南理工大学，2013.

[32] Cervero R. Rail access modes and catchment areas for the BART system[M]. Berkeley, Calif. (316 Wurster Hall，Berkeley 94720): University of California at Berkeley, Institute of Urban and Regional Development, 1995.

[33] O'Sullivan S, Morrall J. Walking Distances to and from Light−Rail Transit Stations[J]. Journal of the Transportation Research Board, 1996, 1(1538): 19−26.

[34] Hsiao S, Lu J, Sterling J, et al. Use of Geographic Information System for Analysis of Transit Pedestrian Access[J]. Transportation Research Record: Journal of the Transportation Research Board, 1997(1604): 50−59.

[35] Zhao J, Deng W, Song Y, et al. What influences Metro station ridership in China? Insights from Nanjing[J]. Cities, 2013, 35: 114−124.

[36] El−Geneidy A, Grimsrud M, Wasfi R, et al. New evidence on walking distances to transit stops: identifying redundancies and gaps using variable service areas[J]. Transportation, 2014, 41(1): 193−210.

[37] 刘惠敏, 刘伟华. 轨道交通站点吸引区域模型构建及算法 [J]. 西南交通大学学报, 2003（4）: 482−485.

[38] 郭鹏, 陈晓玲. 基于 GIS 的城市轨道交通站点客流辐射区域算法 [J]. 中国铁道科学, 2007（6）: 128−132.

[39] 聂磊. 轨道交通站点"最后一公里"出行模式和保障机制研究 [J]. 交通与运输（学术版）, 2013（1）: 114−118.

[40] Cervero R, Ferrell C, Murphy S. Transit−Oriented Development and Joint Development in the United States: A Literature Review[J]. TCRP Research Results Digest, 2002(52).

[41] 刘贵文, 胡国桥. 轨道交通对房价影响的范围及时间性研究——基于重庆轨道交通二号线的实证分析 [J]. 城市发展研究, 2007（2）: 83−87.

[42] Jun M, Choi K, Jeong J, et al. Land use characteristics of subway catchment areas and their influence on subway ridership in Seoul[J]. Journal of Transport Geography, 2015, 48: 30−40.

[43] AlKhereibi A, AlSuwaidi M, Al−Mohammed R, et al. An integrated urban−transport smart growth model around metro stations: A case of Qatar[J]. Transportation Research Interdisciplinary Perspectives, 2021, 10: 100392.

[44] Chen E, Ye Z, Wang C, et al. Discovering the spatio-temporal impacts of built environment on metro ridership using smart card data[J]. Cities, 2019, 95: 102359.

[45] Yang L, Song X. TOD Typology Based on Urban Renewal: A Classification of Metro Stations for Ningbo City[J]. Urban Rail Transit, 2021, 7(3): 240−255.

[46] 王亚洁. 北京地铁站域土地利用与客流互动关系研究 [D]. 北京: 清华大学, 2018.

[47] Cervero R, Sarmiento O L, Jacoby E, et al. Influences of Built Environments on Walking and Cycling: Lessons from Bogotá [J]. International journal of sustainable transportation, 2009, 3(4): 203−226.

[48] Higgins C D, Kanaroglou P S. A latent class method for classifying and evaluating the performance of station area transit-oriented development in the Toronto region[J]. Journal of Transport Geography, 2016, 52: 61−72.

[49] Li C, Lin C, Hsieh T. TOD District Planning Based on Residents' Perspectives[J]. ISPRS International Journal of Geo-Information, 2016, 5(4): 52.

[50] Chow A S Y. Urban Design，Transport Sustainability and Residents' Perceived Sustainability: A Case Study of Transit-oriented Development in Hong Kong[J]. Journal of comparative Asian development, 2014, 1(13): 73−104.

[51] Zhao J, Deng W, Song Y, et al. Analysis of Metro ridership at station level and station-to-station level in Nanjing: an approach based on direct demand models[J]. Transportation, 2014, 41(1): 133−155.

[52] 吴华果. 轨道交通站点周边建成环境研究 [D]. 南昌：江西师范大学，2017.

[53] 吕帝江. 基于多源地理大数据的地铁客流影响因素研究 [D]. 广州：广州大学，2019.

[54] Calvo F, Eboli L, Forciniti C, et al. Factors influencing trip generation on metro system in Madrid (Spain)[J]. Transportation Research Part D: Transport and Environment, 2019, 67: 156−172.

[55] Li S, Lyu D, Huang G, et al. Spatially varying impacts of built environment factors on rail transit ridership at station level: A case study in Guangzhou, China[J]. Journal of Transport Geography, 2020, 82L: 102631.

[56] Li S, Lyu D, Liu X, et al. The varying patterns of rail transit ridership and their relationships with fine-scale built environment factors: Big data analytics from Guangzhou[J]. Cities, 2020, 99: 102580.

[57] Yang H, Xu T, Chen D, et al. Direct modeling of subway ridership at the station level: a study based on mixed geographically weighted regression[J]. Canadian journal of civil engineering, 2020, 47(5): 534−545.

[58] 丛雅蓉，王永岗，余丽洁，等. 土地利用因素对城市轨道交通车站客流的时空影响分析 [J]. 城市轨道交通研究，2021，24（1）：116−121.

[59] 马壮林，杨兴，胡大伟，等. 城市轨道交通车站客流特征影响程度分析 [J]. 清华大学学报（自然科学版），2022：1−12.

[60] Gutiérrez J, Cardozo O D, García-Palomares J C. Transit ridership forecasting at station level: an approach based on distance-decay weighted regression[J]. Journal of Transport Geography, 2011, 19(6): 1081−1092.

[61] Kuby M, Barranda A, Upchurch C. Factors influencing light-rail station boardings in the United States[J]. Transportation Research Part A: Policy and Practice, 2004, 38(3): 223−247.

[62] Loo B P Y, Chen C, Chan E T H. Rail−based transit-oriented development: Lessons from New York City and Hong Kong[J]. Landscape and Urban Planning, 2010, 97(3): 202−212.

[63] Sun L S, Wang S W, Yao L Y, et al. Estimation of transit ridership based on spatial analysis and precise land use data[J]. Transportation letters, 2016, 8(3): 140−147.

[64] Sung H, Choi K, Lee S, et al. Exploring the impacts of land use by service coverage and station-level accessibility on rail transit ridership[J]. Journal of Transport Geography, 2014, 36: 134−140.

[65] Lee K S, Eom J K, You S Y, et al. An Empirical Study on the Relationship between Urban Railway Ridership and Socio-economic Characteristics[J]. Procedia Computer Science, 2015, 52: 106−112.

[66] Cardozo O D, García-Palomares J C, Gutiérrez J. Application of geographically weighted regression to the direct forecasting of transit ridership at station-level[J]. Applied geography (Sevenoaks), 2012, 34: 548−558.

[67] Guerra E, Cervero R, Tischler D. The Half-Mile Circle: does it represent transit station catchments? [J]. Transportation Research Record: Journal of the Transportation Research Board, 2012, 2276(1): 101−109.

[68] Sohn K, Shim H. Factors generating boardings at Metro stations in the Seoul metropolitan area[J]. Cities, 2010, 27(5): 358−368.

[69] Sung H, Oh J. Transit−oriented development in a high−density city: Identifying its association with transit ridership in Seoul, Korea[J]. Cities, 2011, 28(1): 70−82.

[70] Fotheringham A S, Charlton M, Brunsdon C. Measuring Spatial Variations in Relationships with Geographically Weighted Regression[J]. Springer Berlin Heidelberg, 1997.

[71] Lu B, Yang W, Ge Y, et al. Improvements to the calibration of a geographically weighted regression with parameter-specific distance metrics and bandwidths[J]. Computers, Environment and Urban Systems, 2018, 71: 41−57.

[72] Yang H, Lu X, Cherry C, et al. Spatial variations in active mode trip volume at intersections: a local analysis utilizing geographically weighted regression[J]. Journal of Transport Geography, 2017, 64: 184−194.

[73] Yu H, Fotheringham A S, Li Z, et al. Inference in Multiscale Geographically Weighted Regression[J]. Geographical Analysis, 2019, 52(1): 87−106.

[74] Fotheringham A S, Yang W, Kang W. Multiscale Geographically Weighted Regression (MGWR)[J]. Annals of the American Association of Geographers, 2017, 107(6): 1247−1265.

[75] 沈体雁, 于瀚辰, 周麟, 等. 北京市二手住宅价格影响机制——基于多尺度地理加权回归模型（MGWR）的研究 [J]. 经济地理, 2020, 40（3）: 75-83.

[76] 胥向阳, 李楚海, 屈纳, 等. 基于 MGWR 模型的福清市二手住宅价格空间分异及影响因素研究 [J]. 西华师范大学学报（自然科学版）, 2021: 1-11.

[77] Mansour S, Al Kindi A, Al−Said A, et al. Sociodemographic determinants of COVID-19 incidence rates in Oman: Geospatial modelling using multiscale geographically weighted regression (MGWR)[J]. Sustainable Cities and Society, 2021, 65: 102627.

[78] 程先富, 周志凌. 基于 MGWR 模型的中国城市 PM2.5 影响因素空间异质性 [J]. 中国环境科学, 2021, 6（41）: 2552-2561.

[79] 陈卓伟, 邓昭华. 基于多尺度地理加权回归的广州主城区街区形态与热岛强度关系研究 [J]. 智能建筑与智慧城市, 2021（10）: 13-17.

[80] 周丽霞, 吴涛, 蒋国俊, 等. 长三角地区 PM_（2.5）浓度对土地利用 / 覆盖转换的空间异质性响应 [J]. 环境科学, 2022, 43（3）: 1201-1211.

[81] 王映雪. 城市轨道交通对周边住宅价格的影响 [D]. 武汉: 湖北工业大学,

2015.

[82] 董禹，秦椿棚，董慰，等. 地铁站周边不同范围建成环境对居民出行方式的影响研究——哈尔滨的实证 [J]. 南方建筑，2020（2）：35-41.

[83] 何奕苇. 轨道交通与土地使用的协调发展研究 [D]. 深圳：深圳大学，2016.

[84] 白同舟，蔡乐，朱家正，等. 轨道交通与城市协同发展的空间差异性分析：以北京市为例 [J]. 交通运输系统工程与信息，2020，20（3）：14-19.

[85] 金昱. 城市轨道交通站点客流时变特征及其影响因素研究——以上海为例 [J]. 现代城市研究，2015（6）：13-19.

[86] Openshow S. A million or so correlation coefficients, three experiments on the modifiable areal unit problem[J]. Statal Applications in the Spatial Science, 1979, 1979: 127-144.

[87] Yang L, Hu L, Wang Z. The built environment and trip chaining behaviour revisited: The joint effects of the modifiable areal unit problem and tour purpose[J]. Urban Studies, 2019, 56(4): 795-817.

[88] Clark A, Scott D. Understanding the Impact of the Modifiable Areal Unit Problem on the Relationship between Active Travel and the Built Environment[J]. Urban studies (Edinburgh, Scotland), 2014, 51(2): 284-299.

[89] Zhou X, Yeh A G O. Understanding the modifiable areal unit problem and identifying appropriate spatial unit in jobs-housing balance and employment self-containment using big data[J]. Transportation, 2021, 48(3): 1267-1283.

[90] 刘伟. 城市轨道交通线路布局与土地利用相互关系研究 [D]. 西安：西安建筑科技大学，2018.

[91] 李博文. 地铁站点周边建成环境对居民出行方式的影响研究 [D]. 哈尔滨：哈尔滨工业大学，2019.

[92] Andersson D E, Shyr O F, Yang J. Neighbourhood effects on station-level transit use: Evidence from the Taipei metro[J]. Journal of Transport Geography, 2021, 94: 103127.

[93] 5年大跨越，北京地铁发展步入黄金期 [J]. 市政技术，2012，30（5）：114.

[94] 邢小茹，马小爽，田文，等. 实验室间比对能力验证中的两种稳健统计技术探讨 [J]. 中国环境监测，2011，27（4）：4-8.

[95] Wu T, Shen Q, Xu M, et al. Development and application of an energy use and CO_2 emissions reduction evaluation model for China's online car hailing services[J]. Energy, 2018, 154: 298-307.

[96] Standing C, Standing S, Biermann S. The implications of the sharing economy for transport[J]. Transport Reviews, 2018, 39(2): 226-242.

[97] 中国互联网信息中心. 第50次中国互联网络发展现状统计报告 [R]. 2022.

[98] Sui Y, Zhang H, Song X, et al. GPS data in urban online ride-hailing: A comparative analysis on fuel consumption and emissions[J]. Journal of Cleaner Production, 2019, 227: 495-505.

[99] 网络预约出租汽车经营服务管理暂行办法（交通运输部 工业和信息化部 公

安部　商务部　工商总局　质检总局　国家网信办令 2016 年第 60 号）[EB/OL].
[2023−5−10]. https://xxgk.mot.gov.cn/2020/jigou/fgs/202006/t20200623_3307798.
html.

[100] Zhang M, Kukadia N. Metrics of Urban Form and the Modifiable Areal Unit Problem[J].
Transportation Research Record, 2005, 1902(1).

[101] Viegas J M, Martinez L M, Silva E A. Effects of the modifiable areal unit problem on
the delineation of traffic analysis zones[J]. Environment Planning B: Planning Design,
2009, 36(4): 625−643.

[102] Jiang W, Zhang L. The Impact of the Transportation Network Companies on the
Taxi Industry: Evidence from Beijing's GPS Taxi Trajectory Data[J]. IEEE Access,
2018, 6: 12438−12450.

[103] Rayle L, Dai D, Chan N, et al. Just a better taxi? A survey−based comparison of
taxis, transit, and ridesourcing services in San Francisco[J]. Transport Policy, 2016, 45:
168−178.

[104] 张明月. 基于出租车轨迹的载客点与热点区域推荐[D]. 湘潭：湖南科技
大学，2013.

[105] 方琪，王山东，于大超，等. 基于出租车轨迹的居民出行特征分析[J]. 地理
空间信息，2019，17（5）：128−130.

[106] 薛佳文. 基于地理加权回归模型的出租车出行分布特征与城市建成环境相关
性研究[D]. 北京：北京交通大学，2021.

[107] Shen J, Liu X, Chen M. Discovering spatial and temporal patterns from taxi-based
Floating Car Data: a case study from Nanjing[J]. GIScience & Remote Sensing, 2017,
54(5): 617−638.

[108] Ge W, Shao D, Xue M, et al. Urban Taxi Ridership Analysis in the Emerging
Metropolis: Case Study in Shanghai[J]. Transportation Research Procedia, 2017, 25:
4920−4931.

[109] Nam D, Hyun K，Kim H, et al. Analysis of grid cell-based taxi ridership with large-
scale GPS data[J]. Transportation Research Record: Journal of the Transportation
Research Board, 2016, 2544(1): 131−140.

[110] Qian X, Ukkusuri S V. Spatial variation of the urban taxi ridership using GPS data[J].
Applied Geography, 2015, 59: 31−42.

[111] Si Y, Guan H, Cui Y. Research on the Choice Behavior of Taxis and Express
Services Based on the SEM-Logit Model[J]. Sustainability, 2019, 11: 2974.

[112] Zhang H, Shi B, Zhuge C, et al. Detecting taxi travel patterns using GPS trajectory data:
A case study of Beijing[J]. KSCE Journal of Civil Engineering, 2019, 23: 1797−1805.

[113] 何小波，罗跃，金贤锋，等. 网约车数据挖掘的全流程方法研究 [J]. 地理信
息世界，2021，28（3）：72−79.

[114] 羊琰琰. 基于出租车 GPS 数据的热点区域识别及寻客推荐模型研究 [D]. 北
京：北京交通大学，2020.

[115] 高永，于壮，邱东岳，等. 突发疫情间网约车出行变化分析与对策建议

[J]. 交通与运输，2020，33（S2）：173-178.

[116] Liu M, Du Y, Xu X. Factors influencing online car-hailing demand: A perspective of data analysis: 2020 Chinese Control And Decision Conference (CCDC)[C], 2020.

[117] Gu S, Huang W. The Study on Consumer Behavior of Online Car-Hailing Platform and their Influencing Factors—Case Study of Didi Chuxing in China[J]. Journal of Social Sciences Studies, 2018, 2(38): 208-213.

[118] 刘鑫，韩浩，吕崧平，等. 基于 MNL 模型的网约车乘客出行行为 [J]. 山东交通学院学报，2021，29（2）：22-30.

[119] 张斌. 基于网约车数据的居民出行时空特征分析 [D]. 南京：东南大学，2019.

[120] 席殷飞，刘钟锴，杨佩云，等. 网约车出行需求预测方法 [J]. 上海大学学报（自然科学版），2020，26（3）：328-341.

[121] Lyu T, Wang P, Gao Y, et al. Research on the big data of traditional taxi and online car-hailing: A systematic review[J]. Journal of Traffic and Transportation Engineering (English Edition), 2021, 8(1): 1-34.

[122] 贾兴无. 基于网约车数据的居民出行需求特征分析及需求预测 [J]. 交通工程，2018，18（5）：39-45.

[123] Jiang J. Traffic demand forecast of online car-hailing based on BP neural network: E3S Web of Conferences[C], 2020. EDP Sciences.

[124] Niu K, Cheng C, Jielin C, et al. Real-Time Taxi-Passenger Prediction with L-CNN[J]. IEEE Transactions on Vehicular Technology, 2018, 68(5): 4122-4129.

[125] Wang B, Zhu R, Zhang S, et al. PPVF: a novel framework for supporting path planning over carpooling[J]. IEEE Access, 2019, 7: 10627-10643.

[126] 郑渤龙，明岭峰，胡琦，等. 基于深度强化学习的网约车动态路径规划 [J]. 计算机研究与发展，2022，59（2）：329-341.

[127] 王博然. 基于出租车轨迹数据的 OD 经验轨迹分析 [D]. 北京：北京交通大学，2018.

[128] Li T, Wu J, Dang A, et al. Emission pattern mining based on taxi trajectory data in Beijing[J]. Journal of Cleaner Production, 2019, 206: 688-700.

[129] Luo X, Dong L, Dou Y, et al. Analysis on spatial-temporal features of taxis' emissions from big data informed travel patterns: a case of Shanghai, China[J]. Journal of Cleaner Production, 2016, 142: 926-935.

[130] Schneider A. Uber Takes the Passing Lane: Disruptive Competition and Taxi-Livery Service Regulations[J]. Elements, 2015, 11(2): 11-23.

[131] Zeng I Y, Chen J, Niu Z, et al. The GHG Emissions Assessment of Online Car-Hailing Development under the Intervention of Evaluation Policies in China[J]. Sustainability, 2022, 14(3): 1908.

[132] 赵鹏飞. 网约车规制政策对城市环境的影响研究——以北京市为例 [J]. 价格理论与实践，2019（3）：139-142.

[133] Dudley G, Banister D, Schwanen T. The Rise of Uber and Regulating the Disruptive

Innovator[J]. The Political Quarterly, 2017, 88(3): 492–499.

[134] Beer R, Brakewood C, Rahman S, et al. Qualitative Analysis of Ride-Hailing Regulations in Major American Cities[J]. Transportation Research Record: Journal of the Transportation Research Board, 2017, 2650(1): 84–91.

[135] Gao Y, Chen J. The Risk Reduction and Sustainable Development of Shared Transportation: The Chinese Online Car-hailing Policy Evaluation in the Digitalization Era[J]. Sustainability, 2019, 11(9): 2596.

[136] 肖利华. 多源流理论视角下"网约车新政"政策议程建立研究 [J]. 内蒙古煤炭经济，2020（19）：189–190.

[137] 杨塈照，代希腾，罗晓风，等. 武汉市出租车发展政策与车辆规模研究 [J]. 交通与运输，2023，39（1）：96–100.

[138] 平怀君. 网约车价格规制研究 [J]. 公路与汽运，2018（3）：30–32.

[139] 明熙尧，霍娅敏. 基于 S-O-R 理论的出行幸福感对网约车再出行意愿的影响研究 [J]. 综合运输，2023，45（1）：64–68.

[140] 于乐，谢秉磊，张鹍鹏，等. 职住地建成环境对网约车通勤出行影响研究 [J]. 交通信息与安全，2019，37（6）：149–155.

[141] Li T, Jing P, Li L, et al. Revealing the varying impact of urban built environment on online car-hailing travel in spatio-temporal dimension: an exploratory analysis in Chengdu, China[J]. Sustainability, 2019, 11(5): 1336.

[142] Yang Z, Franz M L, Zhu S, et al. Analysis of Washington, DC taxi demand using GPS and land-use data[J]. Journal of Transport Geography, 2018, 66: 35–44.

[143] Wang S, Noland R B. Variation in ride-hailing trips in Chengdu, China[J]. Transportation Research Part D: Transport and Environment, 2021, 90: 102596.

[144] Zhang X, Huang B, Zhu S. Spatiotemporal influence of urban environment on taxi ridership using geographically and temporally weighted regression[J]. ISPRS International Journal of Geo-Information, 2019, 8(1): 23.

[145] Zhao G, Li Z, Shang Y, et al. How does the urban built environment affect online car-hailing ridership intensity among different scales?[J]. International Journal of Environmental Research and Public Health, 2022, 19(9): 5325.

[146] 张煊，刘勇，侯全华，等. 基于 GIS 热点技术的低碳出行街区建成环境特征探析 [J]. 长安大学学报（自然科学版），2018，38（1）：89–97.

[147] 翁剑成，何寒梅，王媛，等. 基于地理加权回归的区域出租车出行需求影响模型 [J]. 交通运输研究，2020，6（6）：28–38.

[148] 黄子杰. 基于 GTWR 模型的网约车需求及其影响因素时空异质性研究 [D]. 西安：长安大学，2020.

[149] 塔娜，柴彦威，关美宝. 建成环境对北京市郊区居民工作日汽车出行的影响 [J]. 地理学报，2015，70（10）：1675–1685.

[150] Kolaczyk E D, Huang H. Multiscale statistical models for hierarchical spatial aggregation[J]. Geographical Analysis, 2010, 33(2): 95–118.

[151] Fotheringham A S, Wong D. The modifiable areal unit problem in multivariate statistical

analysis[J]. Environment Planning A, 1991, 23(7): 1025−1044.

[152] 曹新宇. 社区建成环境和交通行为研究回顾与展望: 以美国为鉴 [J]. 国际城市规划, 2015, 30（4）: 46−52.

[153] Wang Z, Song J, Zhang Y, et al. Spatial Heterogeneity Analysis for Influencing Factors of Outbound Ridership of Subway Stations Considering the Optimal Scale Range of "7D" Built Environments[J]. Sustainability, 2022, 14(23): 16314.

[154] Zhang B, Chen S, Ma Y, et al. Analysis on spatiotemporal urban mobility based on online car-hailing data[J]. Journal of Transport Geography, 2020, 82: 102568.

[155] Gladhill K, Monsere C. Exploring Traffic Safety and Urban Form in Portland, Oregon[J]. Transportation Research Record: Journal of the Transportation Research Board, 2012, 2318(2318): 63−74.

[156] Lao X, Gu H. Unveiling various spatial patterns of determinants of hukou transfer intentions in China: A multi: cale geographically weighted regression approach[J]. Growth Change, 2020, 51(4): 1860−1876.

[157] Maiti A, Zhang Q, Sannigrahi S, et al. Exploring spatiotemporal effects of the driving factors on COVID-19 incidences in the contiguous United States[J]. Sustainable Cities and Society, 2021, 68: 102784.

[158] Tomal M. Exploring the meso-determinants of apartment prices in Polish counties using spatial autoregressive multiscale geographically weighted regression[J]. Applied Economics Letters, 2021, 29(9): 822−830.

[159] Qu X, Zhu X, Xiao X, et al. Exploring the Influences of Point-of-Interest on Traffic Crashes during Weekdays and Weekends via Multi-Scale Geographically Weighted Regression[J]. ISPRS International Journal of Geo-Information, 2021, 10(11): 791.

[160] Bi H, Ye Z, Wang C, et al. How built environment impacts online car-hailing ridership[J]. Transportation Research Record: Journal of the Transportation Research Board, 2020, 2674(8): 745−760.

[161] Chen C, Feng T, Ding C, et al. Examining the spatial-temporal relationship between urban built environment and taxi ridership: Results of a semi-parametric GWPR model[J]. Journal of Transport Geography, 2021, 96: 103172.

[162] 第一财经·新一线城市研究所. 2022 年的新一线城市为什么是它们？ [EB/OL]. [2023−5−10]. https://www.datayicai.com/report/detail/285.

[163] 周梦杰, 白紫月, 高兴, 等. 海口市网约车乘客出行时空模式挖掘 [J]. 测绘科学, 2021, 46（10）: 177−184.

[164] 董仁才, 姜天祺, 李欢欢, 等. 基于电子导航地图 POI 的北京城区绿色空间服务半径分析 [J]. 生态学报, 2018, 38（23）: 8536−8543.

[165] 杜平. 基于 POI 大数据的沈阳餐饮空间格局分析 [J]. 测绘与空间地理信息, 2021, 44（2）: 130−134.

[166] 李夏天, 温小军. 基于 POI 数据的城市活力分析 [J]. 城市建筑, 2021, 18（15）: 12−17.

[167] Woolridge J M. Introductory econometrics: A modern approach[M]. Boston:

Cengage Learning, 2015.

[168] 张雷雨, 杨毅, 梁霄. 地理加权回归模型的多重共线性诊断方法 [J]. 测绘与空间地理信息, 2017, 40 (10): 28−31.

[169] Goodchild M F. Geographical data modeling[J]. Computers and Geosciences, 1992, 18(4): 401−408.

[170] 李吉江. 顾及空间分异性的回归模型研究 [D]. 泰安: 山东农业大学, 2017.

[171] Sugiura N. Further analysis of the data by Akaike's information criterion and the finite corrections[J]. Communications in Statistics-Theory and Methods, 2007, 7(1): 13−26.

[172] Yu H, Fotheringham A S, Li Z, et al. Inference in multiscale geographically weighted regression[J]. Geographical Analysis, 2019, 52(1): 87−106.

[173] 盛世明. 浅谈不公平程度的度量方法 [J]. 统计与决策, 2004 (2): 118−119.

后　记

多源数据的开放获取为城市建成环境的量化分析提供了更多的可能性，也为交通出行的追根溯源提供了良好的机会，空间计量经济学方法为本书提供了科学的分析手段，研究结果和结论对于提出具有针对性的城市建成环境更新策略具有一定的参考价值。本书构建了以建成环境变量为自变量、案例城市地铁站点客流量和网约车客流量为因变量的多种回归模型，模型拟合优度结果表明建成环境变量可以很好地预测交通出行客流量；并且多尺度地理加权回归模型可以呈现建成环境因素在不同空间位置影响交通出行量的异质性，但是这些积极影响和消极影响结果是根据回归模型影响系数的正负相关性、并结合一些经验推测出来的。数据的相关性并不代表因果性，两个变量存在相关关系，并不代表其中一个变量的改变是由另一个变量变化引起的。最近几年可解释机器学习、因果推断的理论方法不断发展，这些方法可以很好地进行因变量结果的预测分析。但是，对于因果分析科学家们还在进行不断地探索。为了确认因果性，医学上常用的实验方法是大样本随机双盲试验，它主张的原则是：为了确认某个变量对实验结果有什么影响，就做一组比照实验，只尝试改变这个单一变量，然后观察实验结果。然而，建成环境更新方案的实施需要长时间的准备，花费巨大的投资，不具有可重复试验的特性，对于建成环境更新方案的实施效果难以有效估计。所以，探索建成环境因素与交通出行需求之间的因果关系还需要研究人员更多的努力，希望能得到学术界和城市规划师的关注，并作为将来的研究方向之一。